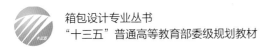

箱包设计专业丛书

"十三五"普通高等教育部委级规划教材

U0286076

箱包制板与工艺

钟扬 ◎ 编著

国 家 一 级 出 版 社

中国纺织出版社

全国百佳图书出版单位

内 容 提 要

本书是"十三五"普通高等教育部委级规划教材之一，从属于箱包设计专业系列教材，共六章，主要包括箱包制板概述、纸格的基本常识、箱包立体制板、箱包平面制板、平面立体结合制板案例研究、箱包制作工艺内容。本书着重介绍了两种不同的箱包制板方法的特点和操作步骤，以及箱包制作工艺的一般流程，强调在制板和工艺制作过程中的各项重点、难点和注意事项。

本书注重理论与实践相结合，创新性地提出"箱包立体制板"的原理和方法，内容新颖，图片精美，实用性强，既可作为服装高等教育中服饰品设计类的专业教材，也可供箱包设计师和箱包设计爱好者使用。

图书在版编目（CIP）数据

箱包制板与工艺 / 钟扬编著 . –– 北京：中国纺织
出版社，2019.1（2024.8重印）
（箱包设计专业丛书）
"十三五"普通高等教育部委级规划教材
ISBN 978–7–5180–5307–0

Ⅰ . ①箱… Ⅱ . ①钟… Ⅲ . ①箱包–设计–高等学校 –
教材②箱包 – 生产工艺 – 高等学校 – 教材 Ⅳ . ① TS563.4

中国版本图书馆 CIP 数据核字（2018）第 184201 号

策划编辑：李春奕 责任编辑：杨勇 责任校对：王花妮
责任印制：王艳丽

中国纺织出版社出版发行
地址：北京市朝阳区百子湾东里 A407 号楼 邮政编码：100124
销售电话：010—67004422 传真：010—87155801
http://www.c-textilep.com
E-mail：faxing@c-textilep.com
中国纺织出版社天猫旗舰店
官方微博 http://weibo.com/2119887771
北京通天印刷有限责任公司印刷 各地新华书店经销
2019 年 1 月第 1 版 2024年8月第3次印刷
开本：787 × 1092 1/16 印张：9
字数：151 千字 定价：59.80 元

丛书序
Series Preface

中国是一个箱包制造大国，但目前"大市场，小企业，弱品牌"的现状已促使我国的箱包行业面临新的产业转型。转型意味着创新，而创新则需要依托于大量能创新的设计师和孕育设计师的摇篮。在漫长的专业建设的探索道路上，恰逢箱包产业转型的时机，与此同时，我校艺术设计系于2011年建立了平面与时尚专业，在此基础之上又诞生了重庆交通大学马蒂亚斯时尚创意孵化基地、时尚品研发与"双创"人才孵化基地、设计学类人才培养模式创新实验区等一系列立足于传统设计专业、开拓以箱包和首饰为主的时尚品设计体系、不断深化时尚设计学科国际合作的综合平台，这都为这个新兴的专业发展成为填补国内专业空缺的生力军打下了坚实的基础。

箱包设计是我国新兴的一门设计学科方向，虽然从属于服装与服饰品专业，但由于起步较晚，少有以往所累积的经验，因此，大多数院校仍然只是把箱包设计作为一门选修课程或将其教学内容归入服饰品设计的课程大类之中，课程教学内容没有得到有效的补充和深化。我们依托校内的硬件基础、校企联合以及国际合作的平台，在多年箱包设计教学与实践的基础上，组织教师编写了这套相对完整、特色鲜明并贯穿从箱包设计到制作所有课程的核心教材——箱包设计专业系列教材。本系列教材内容涉及箱包的设计流程、效果图表现技法、材料应用、制板与工艺，根据专业和行业的发展情况，还会适时加入与箱包品牌和营销有关的教材，以丰富全套教材的内容。

这套教材不仅适合作为箱包设计专业的教材使用，也可以作为服装与服饰品专业的教学参考书，还是广大箱包企业设计师和箱包设计爱好者的专业读物。希望本系列书的出版，能够填补我国相关设计专业教材的空缺、丰富相关设计专业的教学内容，能够提供更有效的教学实践方法，更贴近我国箱包产业对高校人才的需求。

此系列书的出版过程中，得到了重庆交通大学马蒂亚斯国际设计学院和中国纺织出版社等单位及多位专家的大力支持，在此一并表示衷心感谢。

丛书主编　曾强

2018年7月15日

箱包是服装和服饰品最具代表性的流行符号之一，是百年时尚的文化缩影。从装饰到盛放，箱包与人们的日常生活息息相关。箱包款式千变万化，除了色彩、材质的各种搭配，更大程度上是基于箱包造型的创新。箱包的造型取决于箱包的结构，而结构的塑造一方面来源于箱包制板师将想象或图纸中的款式从三维空间转化到平面纸格；另一方面来源于箱包工艺师将平面纸格再次转化为三维的实物。随着材料和加工技术的进步，箱包的结构制板和制作工艺也在发生着变化，行业内一般采用手工出格的方法分解箱包的结构，但在数字化、信息化发达的今天，箱包制板师也常常使用CAD/CAM等计算机辅助软件来完成制板过程，而制作工艺也在各种机械设备的辅助下实现飞跃式的发展。

本书作为服装高等教育中服饰品设计类的专业教材，从箱包行业对高校人才需求的角度出发，结合作者多年从事服装、箱包的制板和工艺的教学实践工作经验，创新性地提出"箱包立体制板"的方法，使初学者在学习这套方法后对平面制板更易理解和掌握，并能将这两种方法灵活地综合使用。在此基础上，本书对箱包制板和制作工艺方面的内容进行了科学系统的整理和归类，对其所涉及的知识进行课题式地讲解，并根据课题内容设计出有针对性的案例和课后实践内容，力求做到图文并茂、深入浅出、理论与实践相结合、操作易上手且具有启发性。

全书共分六个部分，主要包括箱包制板概述、纸格的基本常识、箱包立体制板、箱包平面制板、平面立体结合制板案例研究、箱包制作工艺内容。本书着重介绍了两种不同的箱包制板方法的特点和操作步骤，以及箱包工艺制作的一般流程，强调在制板和工艺制作过程中的各项重点、难点和注意事项。需要特别说明的是，由于箱包的制板方法和相关制板软件均引自国外，所以在尺寸单位的使用上沿用了英寸的分数表达方式（注意：1英寸=2.54厘米），这对初学者来说需要有一个适应的阶段。另外，在箱包平面制板的章节中，案例设计从初学者的角度出发，将所涉及的尺寸做了清晰的标示，每个部件的总尺寸都详细标注了是由哪几部分单独的尺寸所组成，这为初学者的学习提供了更大的便利。相关专业术语在附录中有具体释义。

由于全书内容多、涉及面广，权威性的参考资料较少，编写过程中疏漏之处在所难免，敬请各位读者和同行指正，不胜感激！在此也要大力感谢重庆交通大学马蒂亚斯国际设计学院的师生对本书所提供的技术和人力支持，同时，也对为本书提供工艺指导及校正的周小艳老师，提供技术帮助的陈军、任小兵、易杰、李玲和张应华等同学，以及提供图片后期处理的桑向阳同学致以最深的谢意。

钟 扬

2018年8月10日

目 录

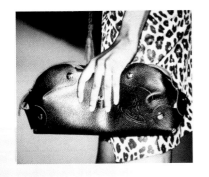

Chapter 1

第一章
箱包制板概述

课题名称：箱包制板概述

课题内容：1. 箱包制板的概念与分类

2. 箱包制板工作的内容

课题时间：教学/6课时、实践/4课时

教学目的：通过阐述箱包制板的概念来源以及平面制板和立体制板的概念，使学生了解这两种不同制板方法的学习途径；通过讲解箱包制板师的工作和箱包制板流程遵循的原则，使学生进一步认识到箱包制板工作的创造性和严谨性。

教学要求：1. 使学生掌握平面制板与立体制板的概念、相互之间的关联和区别。

2. 使学生了解学习平面制板和立体制板的过程和方法。

3. 使学生了解箱包制板师的工作内容。

课前准备：1. 收集并拆解至少一款废旧的箱包或皮具制品，观察其内部结构。

2. 拆解几款样式不同的纸盒包装，观察其平面结构。

　　箱包制板的目的在于将平面的箱包设计图纸或立体的箱包实物依照一定尺寸和比例进行平面状态的展开表现，其表现手法可以是平面手绘制图或电脑CAD/CAM制图。箱包制板的类型可分为平面制板和立体制板两种，使用频率最多的是平面制板，立体制板主要针对较复杂的款式进行。在进行制板训练的前期，可针对空间想象能力进行训练。空间的把控和塑造能力对于制板的精确性非常重要，也是进行复杂的个性化箱包款式设计的基础，是初学制板的学生常遇到的难题。相关训练方法在下文中有所讲解，也可根据自身情况进行创新。

"制板"中的"板"字本义指城墙修筑过程中使用的相同形状和尺寸的两块木板。两块木板用以围出城墙空间，中间夯土，这称为城墙的"板筑"。后来，"板"的概念用于印刷业，指木板上雕刻的汉字与印在纸张上的汉字一样，但方向相反，二者呈镜像对称。由此可知，"制板"也有由一种物体为原型得出另一物体之形的含义。早期箱包的造型来源于服装贴身内袋造型的演变，因此箱包的制板方法也与服装的制板方法有异曲同工之处。

箱包制板是针对箱包结构的设计，它决定了每个部件的大小尺寸以及采用何种工艺方法，是箱包从设计到制作的过程中承上启下的阶段。箱包制板，也叫作箱包"出格"。组成箱包板型的是一块一块的纸板，由于箱包的纸板相较于服装的纸板，面积上更小，而形状上也更为方正，像一个一个的"格子"，所以我们也把分解箱包结构的过程叫作"出格"。而"出格"一词通常只在箱包行业内通用，出于对教材规范性和严谨性的考虑，本书中统一采用"制板"一词（图1-1）。

一、平面制板

箱包的平面制板与服装的平面制板虽然表面看起来都是制板师借助工具在纸上复制被分解对象的展开结构，但依据却有所不同。服装的平面制板需要以人体作为基准，因此诞生了多种制板方法，如国内始于20世纪30年代的短寸法和胸度法，而后随经济的发展，日本原型法和欧美原型法也传入我国。但箱包制板不以人体作为基础，也就是说，它的大小尺寸并不以满足人体的生理要求为标准，所以箱包的制板概念相对简单，方法也比较单一。

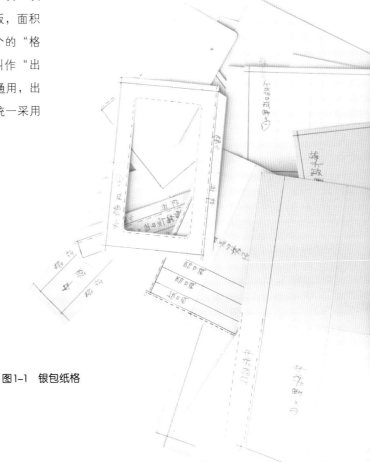

图1-1　银包纸格

箱包平面制板的核心在于：

1. 在针对实物制板的情况下，准确掌握箱包每个部件的尺寸；

2. 在针对图纸制板的情况下，严谨地揣摩箱包各个部件之间的比例；

3. 丰富的空间想象能力；

4. 严谨而细致的操作流程。

较大误差从而影响最后的成型效果。这一过程在箱包行业中通常被称为"复原板"，即针对实物样板箱包来制板，如图1-2所示。复原板要求制板师能够分辨样板箱包上由于工艺而造成的误差，例如，在手工开料过程中造成部件大小或弧度与纸格的误差，在台面上完成的折边等工艺造成的尺寸宽窄的误差，在车反和埋袋的过程中造成箱包轮廓线的错位或扭曲等，这些都要求设计师能够保留样板箱包的精华，修正误差，重新制作出正确的纸格，如图1-3所示。

（一）针对实物制板

针对实物制板，通常是要求制板师复制某个箱包的包型或针对某个款式做出改良设计，其重点在于准确掌握箱包每个部件的尺寸，以免与原型产生

图1-2 皮埃尔·哈迪（Pierre Hardy）2013年春夏箱包设计

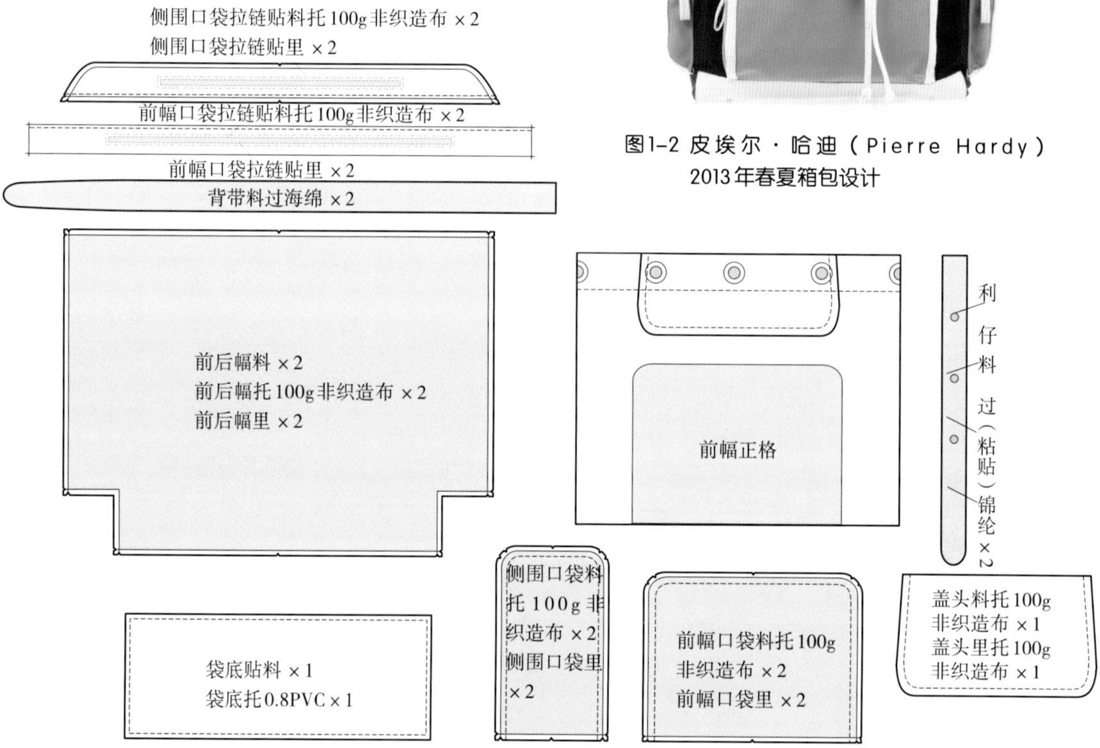

侧围口袋拉链贴料托100g非织造布×2
侧围口袋拉链贴里×2
前幅口袋拉链贴料托100g非织造布×2
前幅口袋拉链贴里×2
背带料过海绵×2

前后幅料×2
前后幅托100g非织造布×2
前后幅里×2

前幅正格

利仔料过（粘贴）锦纶×2

袋底贴料×1
袋底托0.8PVC×1

侧围口袋料托100g非织造布×2
侧围口袋里×2

前幅口袋料托100g非织造布×2
前幅口袋里×2

盖头料托100g非织造布×1
盖头里托100g非织造布×1

图1-3　针对图1-2实物的结构分解

（二）针对图纸制板

制板师们会大量遇到将设计图稿中的创意转变为实物的情况，此时，对箱包整体比例把握的重要性就会远远大于某些具体尺寸的准确性。把握箱包的比例美感不仅在于箱包的长宽高比例，还包括部件与部件之间的比例关系。当然，在图纸创意转化为实物的过程中也常常需要不断修改，这就要求制板师能够深入生产流水线中了解各种主料、辅料、五金配件之间的搭配习惯，如设计师预想出某种主料与某种配件的搭配效果，而在实际制板过程中，若这种搭配效果不甚理想或由于材料限制无法达到，则需要制板师在设计创意和实际材料两者之间做出协调，制作出效果最佳的纸格。针对图纸制板还需要制板师写出准确的纸格资料，配合设计师指定的材料和五金，预先规划好生产的流程以备投入使用，如图1-4、图1-5所示。

图1-5　箱包设计作品（钟扬）

图1-4　学生作品（陶用凤）

（三）丰富的空间想象力

在没有进入正式的制板学习之前，我们可以先来看看这幅图，你能够想象出这款包展开后的平面形态是什么样子吗？或许你还需要绞尽脑汁思考一番，也可以将我们已经给出的这些部位的展开图和它们原来的样子进行一番对比，看看这些结构在制板师手中都发生了怎样有趣的变化，如图1-6所示。

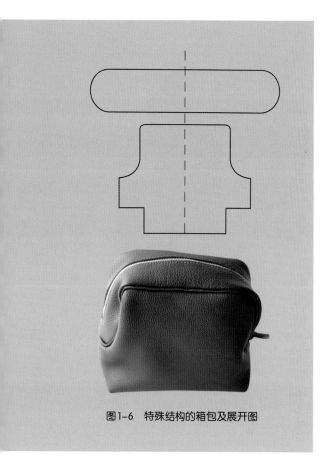

图1-6　特殊结构的箱包及展开图

（四）严谨而细致的操作

　　箱包的形体虽不大，但其结构线条也充满着丰富的变化，要使变化能够随心所欲，关键在于制板过程中对介刀的使用。在箱包平面制板中，介刀充当着非常重要的角色，不仅用以切割纸张，同时也能辅以定点及造型等。对初学者来讲，介刀的使用是必过的难关，当然，这也是一个熟能生巧的过程。除了对介刀的熟练使用，制板师还面临着许多繁复而细致的工作，包括准确标注每张纸格的名称及工艺方法、揣摩主料和辅料的搭配、选择大到十几厘米的拉链小到几毫米的铆钉并进行反复的搭配尝试等。有时一款较为复杂的箱包甚至包含上百片的纸格，涉及的工序数不胜数，制板师的工作不可谓不艰巨。

二、立体制板

　　当前我国的箱包设计教育正处于发展阶段，对于制板的教学方法，更多的是从服装的制板方法中借鉴得来，或者采用箱包行业中常用的平面"出格"方法。箱包立体制板的教学方法是本书的一个最大创新，在此之前，立体制板是专为服装设计所使用的，服装制板师通过将坯布披挂到人台之上，对其进行立体造型而得到更为准确和直观的结构。

　　初学者通常在制板的初始不知从何入手，面对较为复杂的箱包结构，不知如何分解。要解决空间想象力的难题，可以首先对自己进行一些小训练。

（一）旧物利用

　　在条件允许的情况下，初学者可以利用身边废旧弃用的箱包，将其每个部件拆分开来，再对其进行详细的观察，如图1-7所示。在观察的过程中可以得到很多有用的信息，如一些带有褶皱或打角的部位的展开后的最终形状、或者一个部件和另一个部件之间通过何种方式加以连接等。

图1-7　废旧箱包的零散部件

（二）拆解包装

我们的生活中有许多物品的包装，许多包装都有着精巧的设计。通过拆分的过程可以观察到这些包装各个面之间的关系，它们是如何被塑造成立体的造型？其中有哪些造型方法可以在箱包的结构设计中加以借鉴？解决这些疑问能够更好地帮助设计师和制板师在进行正规的学习之前加深对空间概念的理解，如图1-8、图1-9所示。

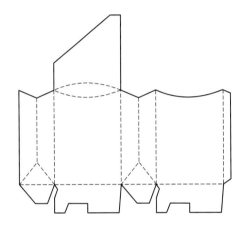

图1-8　包装纸盒展开结构

图1-9　包装纸盒

（三）空间再造

在遇到一些特殊的包型时，如果头脑中暂时不能解构出立体的结构，与其苦苦思索，不如动手拿起一张纸进行折叠来解决结构造型的问题。如图1-10所示，这是一款结构非常特别的拎包，仔细

观察，包体本身只使用了一张皮革，其中没有拼接的痕迹，而是通过对同一张皮革的折叠形成，大概了解了包体的结构，就可以通过纸张的折叠来辅助模拟对包体空间的解构过程，如图1-11所示。

图1-10　特殊结构的拎包

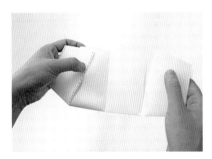

图1-11　针对图1-10实物结构的折纸模拟

折纸的灵感可以为我们解决空间结构难题提供多种途径，同时在摆弄纸张的过程中也有可能激发更多的灵感，形成另一种设计思路。除了在面对特定款式时使用折纸的方法来解决包型结构之外，在设计灵感形成的初期，借助对纸张随意地折叠和塑

造也能突破造型思维的桎梏，创造出意想不到的结构，如图1-12所示。

当然，纸张的折叠对包体空间的塑造不是万能的，对于某些结构较为复杂的包体或本身材料较软不容易摸清结构的包体，折纸的方法可能就不完全适用了。面对这样的一些包型，还可以使用非织造布或白坯布在立体的模型上进行直接造型，这种方法将在本书后面的章节中详述。

图1-12 学生的折纸练习

以上三种探索包体空间的练习可以在正式教学之前进行，也可以和教学过程同步实施。每个人对空间的认知有自己的思维定式，但更多的是基于对经验的借鉴，所以在进行箱包制板的学习之前，通过各种方法加深自己对立体空间成型原理的认识，是至关重要的基础。

三、两者的区别与联系

箱包平面制板和立体制板从根本上来说都是为了提供如何正确分解箱包结构的方法，它们最终要解决的是同一个问题，是为了达到同一个目的。

两者之间最大的不同则是操作方法的差别。例如针对图纸制板，首先需要的是制板师在头脑中对箱包的预期结构效果有明确的规划，包体的各部分比例需要如何分配才能使成品既符合设计图的要求，同时也不能为纯粹的美观而忽略功能方面的考虑，或者为了美感而在包体上增添许多不必要的结构。

而同样的针对图纸制板，立体制板方法则需要事先制作适合的包体模型，由制板师将坯布覆盖在模型之上，再通过对坯布进行各种塑造得到最终想要的结果。在立体制板的过程中，并不需要制板师对预期效果有十拿九稳的判断，对造型结构的掌握都是在对坯布的塑造中逐步修正得来的。

由此我们可以得出这样的结论，箱包平面制板相对于箱包立体制板难度更高，操作更为烦琐，更适合对空间造型有一定基础的人使用；而箱包立体制板方法虽然前期准备需要花较多时间，但却可以得到非常直观的效果，操作便捷，非常适合初学者采用。当学习立体制板进行到一定程度的时候，初学者积累了足够多对箱包空间结构塑造的理念，就可以进入到平面制板的学习。

而掌握这两种方法对于一名成熟的制板师来讲也是十分有益的，在制板的过程中可以将两者相互结合使用。结构复杂、层次感、立体感较强的部分可以采用立体制板的方式，直观地把握最终的实物和设计图纸需要达到的一致效果；而一些形态较为简单的部分，如包体的袋底、手挽、肩带和内里等就可以直接采用平面制板的方法来解决。

一、箱包制板师的工作

（一）审美与功能

在箱包公司或企业里，设计师和制板师常常需要相互搭配工作，设计师给出创意和图纸，许多设计师还会先行绘制好结构图，再将这些素材交于制板师进行纸格的制作。制板师同设计师的工作有着截然不同的分工，但这不妨碍制板师具备相当的审美水平，或设计师具备相当的技术优势，箱包制板师除了熟练掌握制板的技术之外，对其他的相关领域也需要有一定程度的了解。

这些相关领域中最为重要的是流行趋势，了解流行时尚也是制板师的基本工作之一，将自己的技术与时尚有机地结合才能诞生更好的产品，也才可以和设计师进行更好的沟通。同时，还需要观察市场上的流行款式，了解最新的材料、结构设计和工艺技法，不断更新自己的技术和观念（图1-13）。

（二）工艺与材料

对工艺和材料的把关也是制板师最为重要的工作之一，如何选择合适的材料或者如何将设计师所选用的材料更好的运用，都是制板师在进行制板时需要解决的问题。只要在车间生产的箱包材料并非客户所指定的专用材料，那么制板师就拥有了选择材料的优先权，通常设计师也需要配合。选择什么样的材料，既定的材料如何搭配，或者材料应该搭配何种工艺才能达到最佳效果等，制板师都应该在制板和制作样品的时候一并解决，这些都是一款箱包是否能在市场销售上获得成功的关键。

图1-13　2013年春夏巴黎时装周路易·威登（Louis Vuitton）男包

如果想开设箱包设计工作室或小型作坊，还应该对材料市场作充分的调研，如何获取和从哪里获取理想的材料通常是设计工作室初期会遇到的最大难题，同时还应注意材料和工艺的安全性，制作箱包所使用的皮革、面料、辅料和五金装饰等必须符合安全标准。大型的箱包公司或企业在采购阶段就会有严格的品控监管机制，而小型的箱包设计工作室则需要自己解决这一系列问题。

（三）市场与风格

前面说到了市场流行趋势是箱包制板师必须关注的领域，那么在令人眼花缭乱的流行风格中找到属于自己的位置也是制板师应该加以思考的问题。一些箱包品牌公司通常都有自己比较固有的设计风格，制板师通常不需要过多考虑设计风格的问题，但如果是自己经营的小型工作室或作坊，通常制板师同时也会兼任设计师的工作，这时风格的独特就显得尤为重要，它会使你的产品区别于卖场其他的产品，获得不同的凡响（图1-14）。

总之，箱包制板师应该具备的素质是多方面的，不断了解新的市场流行趋势，掌握新的技术甚至具备设计和绘图的技能，都是十分必要的。

图1-14　2013—2014年秋冬纽约时装周亚历山大·王（Alexander Wang）箱包设计

当代箱包产品的生产方式有两种渠道：一种是品牌公司先行设计，再将设计图和样板箱包交于代工工厂进行复原板和大货的生产，这种方式通常被许多世界一线时尚品牌所采用。由于这些品牌大多集中在欧美等发达国家或地区，技术人工费用高昂、原材料稀缺，采用代工的方式可以大大节约成本，同时也避免环境污染等风险。另一种是箱包生产企业自行设计，并自行生产，这种方式多存在于发展中国家或地区，由于拥有大量的原材料资源、技术人工费用低廉，这种生产加工方式十分普遍。

第一种生产方式中，品牌公司都有专门的箱包设计师，也有专门设置的设计研发室，研发室中设计师、制板师和工艺师共同开发新的款式，制作样板箱包，最后将成品的图纸和样板交至代工工厂进行制作，在代工工厂中也有专门设置的板房，由于不需要自主设计，在板房中工作的多是制板师和工艺师。另外，品牌公司需要在代工工厂设置专门的品控部门（Quality Control Department）和品控人员，品控人员在代工工厂中主要监督箱包产品的大货生产，抽检产品以检验其质量是否合格。第二种生产方式中，箱包企业也有自己的设计师、制板师和工艺师，三者各有分工，在各个环节中相互协调，扮演着重要角色。也有一些小型的箱包企业为了节约成本，将设计师和制板师的工作合二为一，要求制板师在制作的过程中同时进行设计，有些制板师甚至精通箱包制作工艺可身兼三职，这种情况在一些设计师独立工作室中也十分常见（图1-15）。

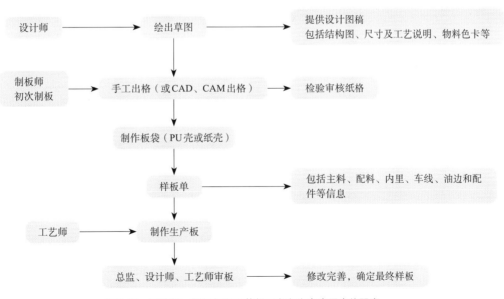

图1-15　设计师、制板师和工艺师三者在生产流程中的职责

二、箱包制板遵循的原则

（一）节约与简化

在大型箱包公司或企业中的制板师，通常工作时首先考虑的是材料的可行性，以及如何更好地节约材料；其次则是工艺流程的先后顺序，采用何种方法可以更快更简单地制作出产品，这样不仅可以提高生产效率也能有效降低生产成本。

（二）统一与通用

针对同一个系列的箱包款式，在纸格和工艺的考虑上应做到最大限度的统一，一方面是为了保证产品完整的系列感，另一方面也方便采买材料。例如，主要面料、里料、耳仔、拉牌和手挽等细节都应尽量做到尺寸或者某种规格上的统一。

另外，在制板时也可以考虑一些细节能否延续到其他的款式上，制板师可以和设计师相互沟通，在满足产品基本设计要求的情况下，再制作一些可以持续使用的部件或细节的纸格，这样在未来的设计和制作过程中，也可以大大提高效率。

课后实践

1. 运用折纸的技法，用纸张塑造出几款包体结构，并尝试由这些结构延伸出更多的设计。

2. 对当季的箱包品牌和市场进行调研，总结出具有代表性的款式，并尝试用数据或图表分析这些结构和款式的共通点或相似性。

第二章
纸格的基本常识

课题名称：纸格的基本常识

课题内容：1. 纸格和箱包部件的关系

　　　　　2. 纸格规范

课题时间：教学／4课时、实践/8课时

教学目的：通过讲解箱包各部件的名称，使学生加深对箱包部件和纸格之间关系的理解；通过讲解各
种纸格的概念和规范，使学生掌握不同纸格之间的差异，同时做好学习手工制板之前应进
行的准备和练习。

教学要求：1. 使学生了解箱包各部件的名称。

　　　　　2. 使学生掌握各种纸格的概念和规范。

　　　　　3. 使学生深入了解各种机缝工艺的概念和形态。

　　　　　4. 使学生牢固掌握比围的方法以及纸格草稿的用途。

课前准备：收集各种箱包款式的图片，或将第一章课后实践的调研结果中所得到的各种结构款式作为
资料。

初看上去箱包制板的工作显得枯燥而繁复，但对纸格的原理和出格的步骤有了初步认识之后，你就会明白这是一项充满挑战且富于创造性的工作。经过学习制板之前的层次递进式练习，再结合我们为初学者量身打造的制板思维训练，纸格在制板师的手里便会充溢着神奇的魔法，变幻出无数魅力无穷的箱包款式。

在本章里，我们将详细介绍箱包常见部件的名称，纸格的各种规范，纸格与箱包的部件如何对应以及认识各个主要部件的纸格之间的关系等，同时设置了关于制板前的纸格思维训练，加深初学者对纸格的理解。

第一节　纸格和箱包部件的关系

一、箱包部件名称

在学习纸格名称之前，先要了解箱包各个部件的名称。箱包的款式变化丰富多样，不同的制板师或者不同的企业工厂可能对箱包的同一部件有着不同的叫法，例如包体的横头，有的叫作"包墙"，也有的叫作"堵头"。这里我们以品牌箱包和工厂板房的制板规范为参考，简要介绍在设计和制板过程中常用的箱包部件名称。

前幅、后幅：包体的前、后主体部件，比较常见的箱包款式前、后幅大小形状都基本相同，只是在装饰或材料等细节上有所差别，前、后幅也有"扇面"等叫法，如图2-1所示。

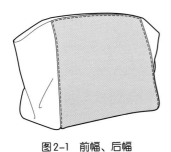

图2-1　前幅、后幅

大身：包体从前到后由一整片连成的部件，中间无接缝，如图2-2所示。

图2-2　大身

横头：包体的侧面，介于前、后幅或大身和袋底之间形成的部件，如图2-3所示。

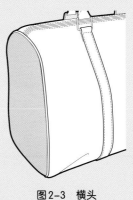

图2-3　横头

袋底：包体的底部，介于前、后幅和横头之间形成的部件，如图2-4所示。

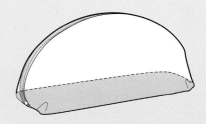

图2-4　袋底

大身围：包体的横头与袋底由一整片部件构成，中间无接缝，如图2-5所示。

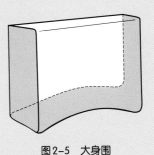

图2-5　大身围

侧围、底围：侧围和底围是组成大身围的部件。侧围接驳处可以在侧面，即图2-6中$A\sim A_1$或$A\sim A_2$的部分；底围的接驳处可以在底面，即图2-6中$B_2\sim A_2$或$B_1\sim A_1$的部分。

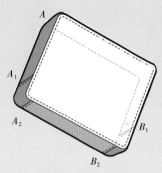

图2-6　侧围、底围

横头围贴：在横头的结构基础上向内深入一圈的部件，这是一种较为特殊的包体部件，如图2-7所示。

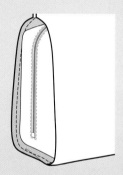

图2-7　横头围贴

盖头：覆盖住包口的部件，其大小宽窄随包型灵活变化，有时也兼具装饰的作用，如图2-8所示。

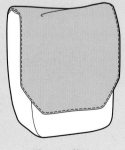

图2-8　盖头

贴料（又称驳料）：包体上的各种装饰或拼接的部件，可分为上贴料、中贴料、下贴料、前贴料和后贴料等，如图2-9所示。

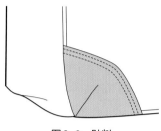

图2-9　贴料

外袋（又称贴袋）：在包体外部的各种形状的口袋，形状可平面可立体，兼具功能和装饰的作用，如图2-10所示。

图2-10　外袋

袋口内贴：包体上各种外袋或贴袋袋口的内部部件，由前、后幅或外袋的部件向内延伸或翻折形成，也可单独裁制成条状部件，缝于袋口内部，如图2-11所示。

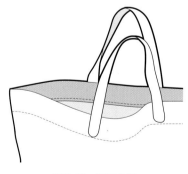

图2-11　袋口内贴

内里（又称里布）：反衬在包体内部的材料，中格、里袋和插袋等包体内部的部件都是缝制在里布上的。内里一般由棉、麻或涤纶、锦纶等纺织品制成，也有较为奢侈的做法，使用真皮或PU革做内里，如图2-12所示。

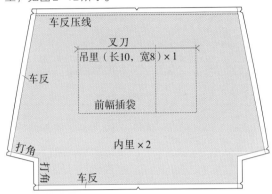

图2-12　内里及内里上的部件（为节省纸格，前幅插袋和后幅内里通常标注在一起）

中格：将包体内部分隔为不同空间的部件，缝制在里布之上，同时中格也可以被做成中格袋，除开分隔功能外也具有收纳功能。

　　　由于图2-12所示的箱包内里结构不易观察，此处使用纸格来表示内里、插袋、拉链袋和吊里的平面形态。箱包的一般结构中，内里前、后幅通常形状大小一致，为提高效率节约耗材，在制作纸格时只制作一片，将前幅内里上的前内插袋形状尺寸、后幅内里上的叉刀位置和后幅吊里的尺寸都标注在同一纸格上，这也是行业内通用的规则。

插袋（又称里袋）：缝制在里布上的各种口袋，形状较为平面，有各种收纳功能，如图2-13所示。

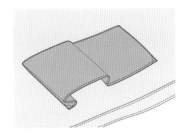

图2-13　插袋

吊袋（又称吊里）：吊袋存在于包体内部，和拉链袋同时缝制的部件，长度不及袋底，如图2-14深灰色虚线部分所示。

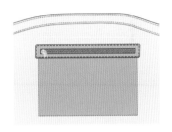

图2-14　吊袋

拉链窗：通常在外袋或里袋的袋口处起到装饰拉链的作用，如图2-15所示。

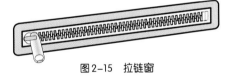

图2-15　拉链窗

拉链贴：位于袋口部位，介于拉链和前后幅之间，可扩大袋口的宽度，此外，拉链贴也起到连接拉链与两个相邻部件的作用，如图2-16所示。

图2-16　拉链贴

链尾贴： 固定于拉链两头的小部件，起到装饰作用，同时也防止拉链在拉动过程中磨损拉链窗两头的物料，如图2-17所示。

图2-17　链尾贴

拉牌： 拉链头上的条状部件，用于装饰或方便拉动拉链，由主料或配料制成，如图2-18所示。

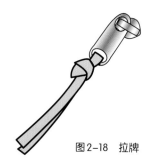

图2-18　拉牌

耳仔： 耳仔通常用来固定五金环扣，其底部连接包体，再通过金属环扣连接手挽或肩带，兼具功能和装饰的作用，如图2-19所示。

图2-19　耳仔

介指： 长条状的部件，机缝时使其弯曲成圆圈状，用以固定或装饰利仔、耳仔等部件，如图2-20所示。

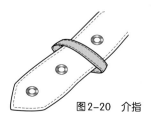

图2-20　介指

利仔： 包体上呈条状或带状的装饰部件，有时也与耳仔连接或穿过介指形成某种固定作用，如图2-21所示。

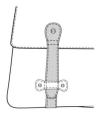

图2-21　利仔

由于我国箱包企业多集中于广东沿海地区，对箱包部件的名称多用当地口语化的表达，例如"耳仔"或"利仔"。"仔"在广东话中表示小，"耳仔"意为像耳朵一样的小部件，而"利仔"中的"利"与"俐"同音，"俐"有"舌头"的意思，用其来表示包体上的条状或带状装饰。

手挽： 包体的单条提带或双条提带，长度较短，在包体前、后幅各形成一个弧形，一般用以挽在手肘处或单手拎提，如图2-22所示。

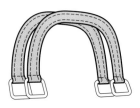

图2-22　手挽

肩带（又称背带）： 通常由耳仔固定在包体两侧的条状长带，使包体可斜挎在人身上，也可单肩背挎，如图2-23所示。

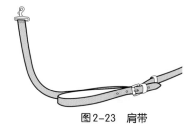

图2-23　肩带

除了各种体积较大的包型，还有一些体积和容量较小的包型，例如手抓包和银包。手抓包也被称为"晚装包"，小巧精致，便于随身携带，但其结构和其他类型的包基本无异，其部件名称可参考以上范例。银包，也就是钱包，银包一词来源于广东沿海地区口语，是箱包行业内通用的叫法。银包虽然体积小，由于功能的关系结构比较复杂，部件名称和其他的包型有着根本的不同，传统的银包结构包括卡窗袋皮、中贴皮、贴口皮、顶贴皮和大面等数量众多的块面，如图2-24所示。

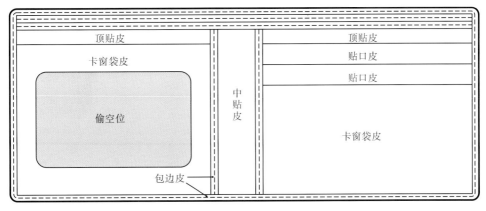

图2-24　传统男士银包的基本结构

二、认识箱包部件的重要性和方法

认识箱包部件的名称有助于在正式制作纸格时将每个不同的部件与纸格准确地对应起来。有些箱包由于款式的关系，部件的形态较为接近，例如上文中提到的传统男士银包的纸格，就包含有形状非常相似的贴口皮和顶贴皮纸格，而每个贴口皮和顶贴皮又都有相应的内里，这样纸格的数量就会成倍增加，如果不正确区分这些部件，就会在后续的开料和机缝流程中遇到很大的麻烦。

在生活中，我们可以不断积累各种箱包部件的形态和名称，可以通过网络、杂志收集不同款式的箱包，也可以随时将看到的款式拍照记录下来，并把不同款式上的不同部件做有效的收集和整理，建立相应的素材库。例如包体外袋的素材库、手挽的素材库或五金的素材库等，这样既可以加深对箱包部件的认识，也可以为设计提供大量的素材参考和灵感来源。如果在制板时遇到名称不确定的包体部件，也不必拘泥于固有的叫法，可根据自己对这个部件的理解自行命名，只要将其与其他部件明确区别即可。同时也要注意无论针对哪个部件，其附带的内里和托料的名称都必须保持一致。

第二节　纸格规范

一、名称和数量

　　每一片纸格的名称都需要与箱包的相应部位严格对应，如箱包的正面部位对应的纸格名称就只能叫前幅，如图2-25所示。

　　同理，背面部位叫作后幅、侧面部位叫作横头或侧围、底面部位叫作袋底或底围等。箱包本身通常均具有左右或上下对称的特性，因此在某些纸格的制作上，可以先制作一片，再写上需要的片数，后续开料的时候进行左右或上下翻转即可，节约制作时间和成本，如图2-26所示。

　　图2-26所示的化妆包前后左右各有一个相同大小的贴角，在制作纸格的时候我们只需要将其中一个制作出来即可。但要注意，必须在纸格的名称后面跟注"×"符号，再标明需要的件数。

　　一款箱包的纸格片数与箱包的复杂程度有关，有时一件超大购物袋的纸格数量远远不及一件小巧银包的纸格数量。

二、主格、正格、料格

（一）主格

　　首先，我们需要认识主格的概念，主格是所有纸格中最主要的部分，其他纸格需要在主格的基础上进行参考。换句话说，只有先做出了主格，才能依次做出其他的纸格，而这个主格可以是不同的部位，在这个款式中主格是底围，而在另一个款式中主格就有可能是前幅或大身，如图2-27所示。

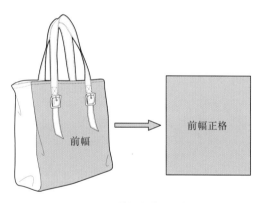

前幅　　前幅正格

图2-25　前幅和前幅正格

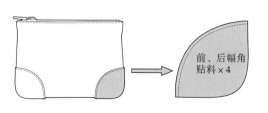

前、后幅角贴料×4

图2-26　前、后幅角贴料

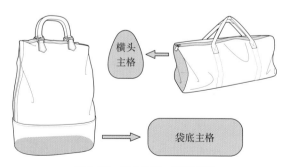

横头主格

袋底主格

图2-27　横头主格、袋底主格

从图2-27左边的包体图中可以看到袋底的形状是圆角矩形，那么制作这一款包的主格就是这个袋底，通过袋底的长度和宽度得出最合适的圆角弧度，再从这个圆角矩形的周长来决定整个包体平铺展开后的长度；而右边的包体由一片大身和两片横头组成，如果依据大身的长度来确定横头的周长，则比较麻烦，所以将横头定为这款包的主格，通过横头的周长来决定整个包体大身的展开宽度。

——链接：比围法

以图2-27中旅行袋的横头主格为例，我们讲解通过主格来得出其他纸格的常用办法——比围法。

如图2-28所示，图中有一张已制作好的横头主格，首先将这张主格平铺放好，在下面的白卡纸上画好水平线 x 和垂直线 y，将主格的底边对齐水平线 x，主格的中垂线对齐垂直线 y，用锥子按住主格中垂线、水平线和垂直线这三者的交点，然后用手慢慢向左或右转动主格，注意图中主格转动时产生的虚线轨迹，它们与下面的水平线产生的相切点，就是我们确定大身长度的参考点。

如图2-29所示，可以看到这些重要的相切点所在的位置，横头主格的参考点 A、B、C、D、E 和 F，分别对应大身主格的 A_1、B_1、C_1、D_1、E_1 和 F_1，这就相当于将横头正格上从 $A \sim F$ 的弧线长度拉伸开来，变成从 $A_1 \sim F_1$ 的直线长度，最后将这个长度 ×2，那么就得出了横头和大身的周长。

比围法的优点在于准确而且直观，操作的时候要注意以锥子按住某个点，不要随意移动锥点的位置，哪怕是移动很少的位置也会对最后的精确度有所影响；而在转动某个部位的弧度位置时，这条弧线只能与水平线（或垂直线）相切，不能相交。

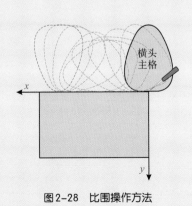

图2-28　比围操作方法

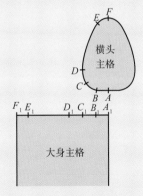

图2-29　比围法纸格标记点

（二）正格

正格通常有两层含义，从局部来说，正格是箱包的某一个部件所对应的纸格，它直观地反映了箱包的某个部分的平面形态（不含机缝位）；从整体来说，在面对一个较为复杂的款式时，我们通常需要作出整个箱包的正格，这时的正格相当于将箱包平铺在一个水平面上，我们从箱包上方垂直的角度向下所看到的箱包平面包含的所有部件，而有了这个整体正格的指引，制板师在分解其他纸格时，就有了一个清晰的思路，先做什么后做什么，什么部件应该放在什么位置，或者各个部件之间的比例等，就好比建筑施工图一样，如图2-30所示。

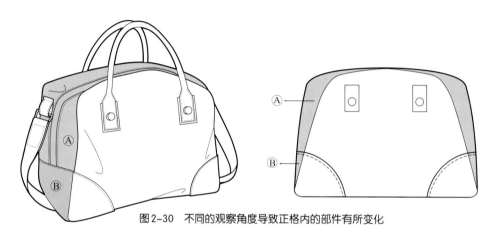

图2-30　不同的观察角度导致正格内的部件有所变化

　　如图2-30所示，右边的正格图不仅清晰地表现了耳仔、撞钉、角贴料及缝线的位置，而且还传达出一个清晰的信息——即包体的准确外轮廓。如果没有正格的标示，我们很容易误认为包体的轮廓就是左边款式图中的白色部分，其实将包体平铺于水平面上，我们从垂直的角度观察，它的边缘还应该包括灰色的部分，即左右两图中相互对应的Ⓐ和Ⓑ部分。

　　这些都是在观察包型，特别是半定型包时容易犯的错误，正格的作用正是提示我们包体的立体空间的微妙关系。正格做好以后是不参与开料的，它的最重要作用是在其他部分的纸格完成后，或者是最后的成品完成后，用以检验在正格内所有部件缝合后的大小是否吻合标准尺寸，或某一个面上的耳仔、贴袋、五金等小部件的位置或相互之间的关系是否正确。

　　前面是从整体的方面来讨论正格的形态，而从局部角度出发，正格的形态就是我们看到的包体某个局部的形态，所见即所得，因为此时是看不到包体各个部件的机缝位的。

　　另外，正格还有一个重要的用处就是用作某些托料的纸格。托料在箱包的制作中非常重要，它起到衬垫的作用，使包体的某些部分更加硬挺有型。而托料通常不会使用在机缝位处，因为过厚可能会使缝合后的部位不平整，所以没有机缝位的正格正好可以作为某些托料的纸格。

修正格和放大格是相对应的一对纸格，这组纸格主要是针对需要加衬托料的净尺寸部件而使用的，例如耳仔和手挽。这些部件一般是净尺寸，即不含机缝位的正格尺寸，需要加衬的托料通常也不止一层。

在裁切这些部件的时候，通常需要先将主料和多层托料相粘贴，这时就需要使用到放大格。放大格可以确定多层相粘贴部件的大小，将多层材料先依照放大格进行裁切、粘贴，在粘贴过程中即使有些歪斜也不要紧，因为最后会使用修正格来进行整体裁切，这样多层相黏合的部件边缘就十分平整平滑了，方便接下来的烫边、油边等工作。放大格通常是在修正格的基础上向四周扩大 $\frac{1}{8}$ 英寸，在手工制板过程中，如果初学者不能很好地对较厚部件进行精确切割，这个尺寸还可以视情况稍作加大，而修正格一般情况下等同于部件的正格。

这种做法比先裁切出多个部件的正格再进行粘贴更为精准，也更为便捷，这也是箱包行业内通用的一种规范。

（三）料格

料格的概念是基于正格的基础延伸出来的，指含有机缝位的纸格，如图2-31所示。

从图2-31中可以看到包体的角贴料部位的正格和料格的对比，我们可以得出很直观的概念，料格与正格的不同之处在于：料格比正格多了机缝位，机缝位的名称和宽窄尺寸在不同的部位也有所不同。料格是直接参与开料的，所以纸格上必须清楚写明料格的数量。

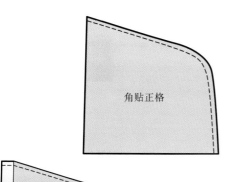

角贴正格

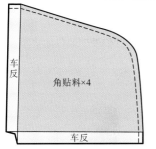

车反

角贴料×4

车反

图2-31　料格

一般来说，制板过程中为了节省时间和成本，在针对较为简单的部件时会直接做出料格，但如果箱包的某个部件比较复杂，如涉及褶皱的部分，一般会先做出纸格的正格，经过展开等变化后，再在四周加上机缝位，成为料格。

——链接：常用机缝工艺示意图

折边： 是一种常用的处理箱包物料边缘的工艺，主要指为了使部件边缘切口不外露而将边缘多余的部分向物料背面翻折再黏合的过程，通常折边位宽度是 $\frac{3}{8}$ 英寸，真皮的折边位宽度是 $\frac{5}{16}$ 英寸。折边的延伸工艺有空折、双折、包折、折边搭车和折边对碰等多种。

空折： 指单层物料直接翻折，翻折后有时只使用胶水粘贴，有时在粘贴之后再车线以固定，如图2-32所示。有一种情况是折边对碰车线，将空折后的两层物料背对背折叠后再车线，如图2-33所示。两块折边的物料相对碰还可以延伸出对扣折边和碰折搭车等形式，如图2-34、图2-35所示。

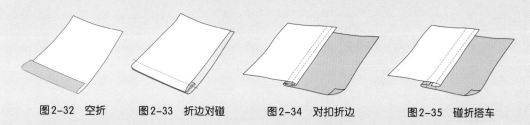

图2-32 空折   图2-33 折边对碰   图2-34 对扣折边   图2-35 碰折搭车

双折： 指物料边缘折过一次边之后，再进行折边，将初次折边的物料边缘再次包裹，如图2-36所示。

包折： 指一层物料包住另一层托料或其他部件，再进行翻折，如图2-37所示。

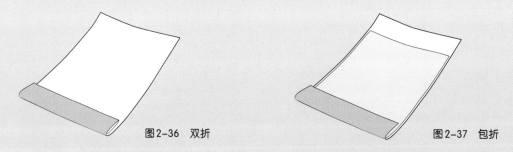

图2-36 双折   图2-37 包折

折边搭车： 有几种不同的情况。一种是指物料翻折后擦过胶水或不擦胶水，再车线，如图2-38所示；另一种是指一件物料折边之后再重叠到另一件没有折边的物料边缘上，再在两者重合的部位进行机缝，如图2-39所示；还有一种是将两件物料的散口边直接一上一下地重叠在一起，再在两者重合的部位进行机缝，如图2-40所示。

折边和搭位是一组经常在一起出现的概念，搭位指一件物料的边缘压在另一个物料边缘之上，图2-39中两者重叠的灰色部分，或图2-40中两条车线所在的位置就是搭位，常见宽度是 $\frac{5}{16}$ 英寸或 $\frac{3}{8}$ 英寸。

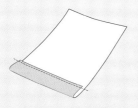
图2-38 折边搭车

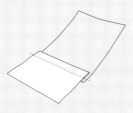
图2-39 中驳折边搭车

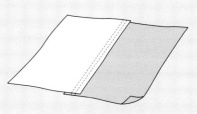
图2-40 中驳散口搭车

车反： 把两个相邻部件的直线边缘在物料背面缝合，缝线不外露，车反位宽度是 $\frac{1}{4}$ 英寸或 $\frac{5}{16}$ 英寸，如图2-41所示。除了在物料背面车线之外，车反还有车反襟线、车外夹线、车内夹线等多种，如图2-42、图2-43所示。

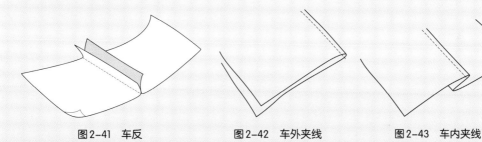

图2-41 车反　　　　　　图2-42 车外夹线　　　　　　图2-43 车内夹线

车反襟线： 两部件的边缘车反后，为了使物料正面平整，需要将车反位分粘到两侧，常见宽度是 $\frac{5}{16}$ 英寸；有时在分粘或直接车反后再在车反线左右两侧的物料之上压明线使其更加服帖，如图2-44、图2-45所示。

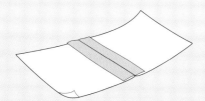
图2-44 中驳车反分粘

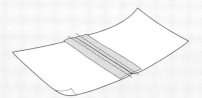
图2-45 中驳车反(分粘)襟线

埋反： 埋反、驳反和车反在操作上大同小异：埋反和驳反指的是箱包两个部件的边缘，通常是一条直线和一条曲线的缝合，而车反是两条直线的缝合。三者都是用车线在物料反面缝合，缝线不外露，两者的常见宽度都是 $\frac{1}{4}$ 英寸，如图2-46所示。

图2-46 埋反

包边： 用细长的包边条在部件的边缘以分中的方式遮盖住部件边缘再使其缝合固定的一种工艺。散口包边是常见的一种，宽度一般为 $\frac{3}{4}$ 英寸，这种方法一般需要先开出皮革材质的包边条，将包边条的边缘油边后再进行车线；另一种常见的是双回口包边，即将物料两侧进行双折边后再车线，宽度一般为 $1\frac{1}{4}$ 英寸或 $1\frac{3}{8}$ 英寸，如图 2-47、图 2-48 所示。除此之外，包边还有多种其他形式，如图 2-49 ~ 图 2-51 所示。

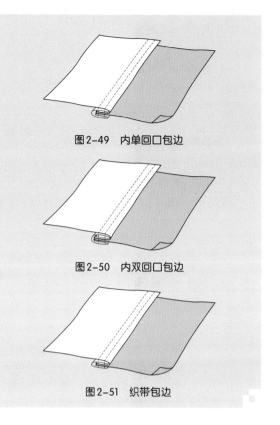

图 2-49　内单回口包边

图 2-50　内双回口包边

图 2-51　织带包边

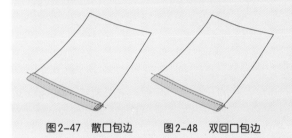

图 2-47　散口包边　　图 2-48　双回口包边

（四）标注方法

由于箱包本身形态的特性，有许多部位的纸格形状和大小非常相似，因此在名称标注上必须准确。在纸格的标注方法上，首先需要注意的是纸格名称和数量，即纸格所对应的箱包部位和相同纸格的件数，名称和数量标注在纸格的空白处即可，如图 2-52 所示。

除此之外，较难掌握的是纸格工艺方法的标注，通常在料格的机缝位上需要标注出具体的工艺方法，如车反、埋反、搭位等，而这些机缝位的宽窄尺寸也有所不同。关于这部分的理解掌握对于初学者来讲是较为困难的，需要在实践的过程中不断学习和积累经验。

图 2-52 中的内容是箱包某部位纸格的标注方式，纸格中必须明确标注名称、数量及机缝工艺。图中纸格四周的三角形缺口称为"牙位"，也叫作"牙口"。

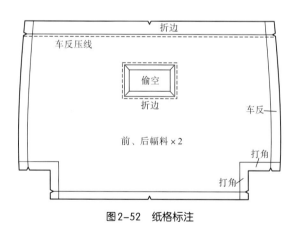

图 2-52　纸格标注

"牙位"起到提示缝合线的作用，在箱包流水线生产中，开料的数量巨大，不可能在每一片物料上都用笔画出缝合线，因此牙位就可以提示进行车工的技术人员缝合线的具体位置。

刀位：指在使用摇头机配合刀模开料时在裁片的机缝位处竖向切开的刀口，多出现在裁片的弧线转角处，如图2-53所示。打上刀位便于这些部位进行折边和埋反等工艺。

偷空位：指的是需要被挖空的部位，这是一种行业内常用的口头术语。

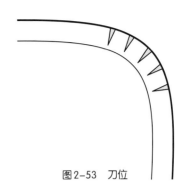

图2-53　刀位

——链接：纸格草稿

组成一款箱包的部件众多，有的部件由主料制成，有的部件由配料制成，这其中有的主料、配料还需要衬以托料，除此之外，还有如利仔、耳仔等细小繁多的部件。对于初学者来讲，在出格之前，事先描绘出纸格的大致模样和理清纸格的大概数量，对于正式的制板工作有序进行至关重要。

结合已经学过的箱包部件知识，在正式制板前可以进行一些练习。观察图2-54的箱包款式，包体的大致块面主要是前后幅、大身围（侧围和底围由一整块组成）和盖头组成，盖头上有箭头状利仔装饰，前幅上有矩形插袋的装饰，包体外袋和内里相连接的部分有袋口内贴。需要特别注意的是盖头由上下两块物料组成，通常盖底的长度比盖面的长度短$\frac{3}{16}$英寸左右，如果盖面和盖底长度相同，盖头在弯曲时盖底会形成许多褶皱，既不美观同时也容易折损物料。

图2-54　有盖头的两用包

由于看不到后幅和内里，制板师可以自行设计后幅和内里的结构。通常来说，后幅上的装饰较少，一是由于后幅不常被看见，二是由于后幅在箱包被背挎时紧挨着人体，装饰或部件太多会影响使用的舒适感，所以后幅通常是一块整体，最多装饰有拉链袋或较为扁平的外袋，方便收纳随身的物件。内里的结构则较为固定，一般包体较厚的款式可以设置一层或两层中格，而包体厚度较薄的款式则不需要。内里靠前幅的部位叫做前幅内里，靠后幅的叫作后幅内里，行业中有一些固定的制作规则，如前幅内里上通常有放置手机的插袋，而后幅内里上通常有拉链袋及吊里，这个规则一般情况下是不变的，这也是结合人体工程学为更加方便人们使用箱包的各种功能而逐渐形成的。

因此，我们可以将后幅假设为一块整体，而内里的形状则和外袋的形状基本一致，加上插袋和拉链吊袋，内里的结构就基本完整了，除此之外，不要遗漏手挽和背带等部件。除了能看见的主要部件，还有看不见的诸如托料等部件，由于此款包属于定型包类型，基本每个部件都需要不同厚度和规格的托料，如盖面和盖底需要使用0.6mm或0.8mm厚的PVC材料，内里、袋口内贴需要使用75g或100g的非织造布，肩带、耳仔需要使用0.6mm厚的皮糠纸等，这些都需要考虑在内。

当然，只是观察和分析是不够的，与此同时，还应将观察和分析出的包体部件绘制成草稿。绘制的时候不需要使用钢尺等辅助工具，以手绘方式将所有部件快速地绘制于纸面上，不需要考虑具体的尺寸或形状是否规则等。了解了机缝工艺的基本知识，还应考虑好每个部件的边缘相连接时采用何种工艺。此款包中，前、后幅与大身围相连接的工艺是车反或埋反，外袋整体与袋口内贴的连接工艺是折边，盖面、盖底的连接工艺是车反和折边等，其他工艺如图2-55所示，这些

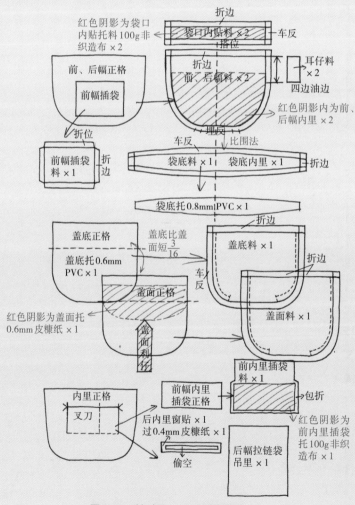

图2-55　针对图2-54的纸格草稿

都需要标注在草稿中。

如图2-56所示，图中款式呈上宽下窄的倒梯形。包体由几个几何块面组成，虽然无法看到包体的底面和侧面，但从设计风格和节省物料的角度出发，可以预想这款包的侧围和底围均是由一整片组成的，侧围较为宽大，延伸至前幅。这款包的制板难度不大，需要注意的是包体顶边的弧度，侧围与前、后幅的宽窄比例，底围厚度和包体宽度的比例等。

包体的后幅和前幅一样，绘制纸格草稿时可仔细揣摩各拼接块面之间的比例关系，为后面正式制板做好准备。外袋和内里之间相连接需要两件袋口内贴，内里不需要像外袋一样进行拼接，取外袋的大形做成分开的两件，再经过打角塑造空间结构。同前一个案例，内里的前、后幅各需要插袋、拉链袋及吊里等部件，内里的部分完成后，就可以继续制作其他的部件。

包体的配件包括一对手挽、两对耳仔和一条肩带。包体的托料主要运用在前后幅下驳、袋底和其他配件等处，前、后幅下驳可使用75g或100g非织造布，袋底和手挽过0.8mmPVC，耳仔、肩带和后幅内里拉链窗过0.4mm或0.6mm皮糠纸等，这些都需要标注在草稿中，如图2-57所示。

从两个纸格草稿的案例中可以看到，这些工作有助于在正式出格的过程中提示制板师需要制作的所有部件，在制作时就可以免于疏漏也便于理清制板的先后顺序。

图2-56 有多个块面的两用包

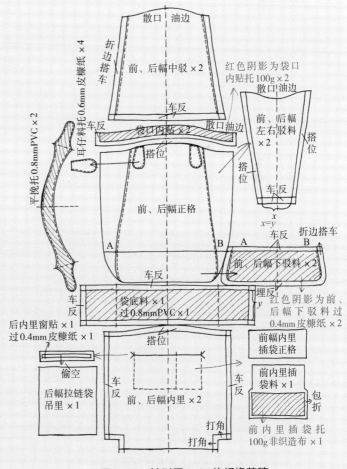

图2-57 针对图2-56的纸格草稿

三、备用纸格

在箱包纸格中，有一些部件的规格是相对比较固定的，因此可以制作出一套以备用，在制作其他款式的纸格时就可以省时省力。这些部件主要是前幅内里上的插袋、后幅内里上的拉链窗及其附带的吊里，有时耳仔和手挽的纸格也可以通用。当然，这些部件的尺寸也会随着包体的大小有所变化，但只要包体的前、后幅尺寸可以容纳这些部件的大小，就无须重新制作，如果确实需要变化，也可以在已经制作好的模板上进行缩放或稍加调整即可。

（一）前幅内里插袋

图2-58所示为前内插袋定型后的正格，前内插袋一般机缝于前幅内里之上，一般体积稍大的包型都会设计这种前内插袋。前内插袋有两层，由同一块物料翻折再由折边包覆而成，如图2-59所示。插袋上车以明线将袋体分为左右两部分，左边稍大，右边稍小，右边插袋加褶形成立体形状。

图2-58　前内插袋正格

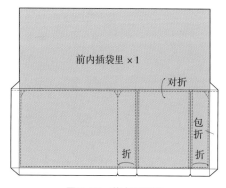

图2-59　前内插袋里

（二）后幅内里拉链窗（又称拉链窗吊里）

图2-60所示为后幅内里拉链窗常用的纸格，拉链窗的形态比较固定，如果有造型上的变化，可在此模板上做调整。与拉链窗相匹配的是后幅内里吊袋，吊袋由一整片物料对折而成，与拉链黏合后再与拉链窗相缝合。

图2-60　后幅拉链袋吊里

（三）手挽

图2-61所示为两条手挽，一条直线手挽，一条曲线手挽，两者都是制作箱包手挽时常用的纸格。手挽的形态变化较多，但主要变化集中在手挽头及手挽的弧度两处，可以根据大小不同的包型设计并制作几款不同长宽、弯曲弧度和手挽头的手挽纸格以备用。图中的红色虚线表示手挽两头在此穿入方形扣或D形扣等五金件，并向内折入。

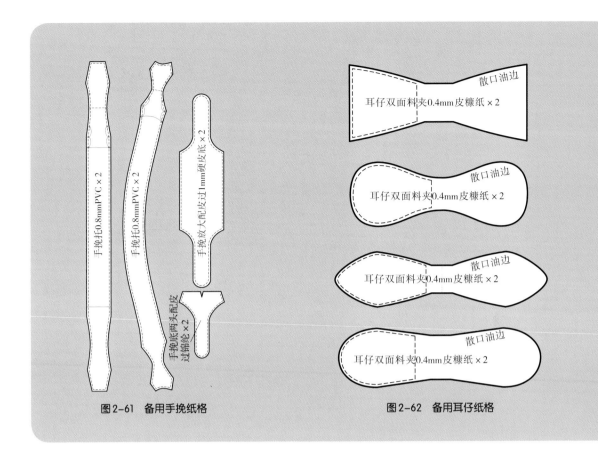

图2-61　备用手挽纸格

图2-62　备用耳仔纸格

除了手挽之外，箱包上用于手握或手提的部件还有把手，也称作"引手"。引手由上、下两片组成，上面是一整片，下面在把手两端分别有两片作为衬垫，把手中间最宽处对折后缝合。

（四）耳仔

耳仔呈对称造型，两端的造型变化丰富多样，但基本的工艺做法都相似，所以同样可以设计并制作几款大小、两端造型不同的耳仔纸格以备用，或者在这些备用纸格上直接做出调整变化，如图2-62所示。

课后实践

1. 设计几款需要使用比围法制板的箱包款式或某些箱包部件。

2. 选择几款箱包图片，尝试针对其绘制纸格草稿，可自行设计其背面和内部的结构，或加减一些部件。

3. 尝试在只看见某一套纸格的情况下，用绘图方式还原箱包本身的造型和结构。

第三章

箱包立体制板

课题名称：箱包立体制板

课题内容：1. 立体制板的准备工作

2. 箱包立体制板案例

课题时间：教学/4课时、实践/8课时

教学目的：通过阐述箱包立体制板的原理与操作方法，使学生深入认识箱包立体制板的优势及应用
范围；通过讲解箱包立体制板案例，使学生掌握立体制板的方法与流程。

教学要求：1. 使学生了解箱包立体制板的来源与特点。

2. 使学生掌握箱包立体模型的制作方法。

3. 使学生能够使用立体制板的方法认识及分解特殊包型的结构。

课前准备：预习本章内容，并准备好立体制板的工具和耗材；阅读与服装立体裁剪相关的书籍，了
解立体裁剪的基本原理。

　　箱包立体制板是本书提出的一种创新性制板方法，立体制板也叫作立体裁剪，箱包立体制板的概念是从服装立体裁剪的技术中延伸得来的，是在箱包模型上使用坯布或其他材料进行立体塑造的造型方法。

　　本章前半部分将着重介绍用于立体制板的包体模型的制作流程，后半部分将提供适合于箱包立体制板的案例。对致力于追求箱包个性化结构的设计师和制板师来说，箱包的立体制板方法将拓展他们对箱包结构设计的眼界，直观地把握结构、材质与工艺之间的紧密联系。

立体制板的准备工作

一、立体制板工具与耗材

立体制板工具与耗材（图3-1）：

①裁剪剪刀：剪裁大面积的坯布。

②彩色细胶条（或胶带）：用以在包体模型上贴出中线、底线等参考线，同时也可以在坯布上贴出临时需要剪裁的形状。

③针包：内有棉花等填充物，用于固定珠针，其底部通常有松紧带，可戴于手腕之上方便使用；珠针：可将坯布固定于包体模型上，也可以别住坯布与坯布之间需要拼接的部分。

④记号笔：可在坯布布样上做出标记，至少准备两种不同色彩的记号笔。

⑤软尺：最好是带英寸的软尺，用于测量坯布布样的尺寸。

⑥滚轮：利用其齿轮上的尖齿将坯布上的记号线拓印到卡纸上。

⑦白坯布：立体制板必备的耗材。

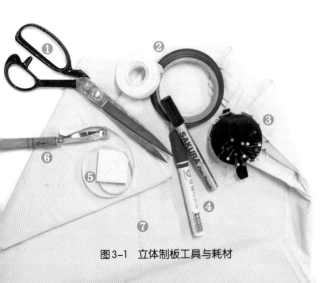

图3-1 立体制板工具与耗材

二、包体模型

（一）包体模型原理

配合箱包立体制板这一创新的方法，需要专门制作各种不同型号的箱包包体模型。这些包体模型可以用高密度泡沫制作，通过加热的电阻丝进行切割。

虽然箱包立体制板的方法源于服装立体裁剪，但两者所使用的模型载体有所差别。服装立裁使用的载体是人台，人台反映的是人体的不同体型，如常用的亚洲女性人台有82cm、84cm和86cm（以胸围划分）等型号之分，虽然人台有不同型号，但总体来讲人台的形体具有概括性。而箱包的形状千变万化，很难有一个概括性的形状能将所有的款式都归纳在一起，因此需要我们依据所设计的箱包款式为它们"量身打造"合适的包体模型，也可以制作几款常用尺寸和款式的箱包模型以备用。如果采用后一种方法，则需要进行大量的箱包款式的调研，将所得的款式、数据进行分析和整合，使得包体模型能够通过增加或减少一些部件或者以衬垫的方式进行变化或组合。

从几何结构的角度来讲，箱包形体基本上可以被划分为长方体、梯形体、圆柱体和其他一些几何形状，其中长方体和梯形体是箱包造型中最为常见的。

如图3-2所示，在倒梯形体的两边各加一个锐角三角形体可以组成上小下大的正梯形体，而在一个上大下小的倒梯形体的两边各加一个直角三角形体则可以组成一个长方体。由此可知，正梯形体、倒梯形体和长方体都可以通过两边各加上一个不同的三角形体来互相转换。了解了这种组合方式，就更加便于制作各种不同形态的包体模型。接下来以一系列可以组合拆分的梯形体为范例讲解包体模型的制作方法。

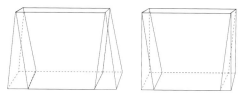

图3-2　包体模型组合方式

——链接："包体模型"与"包壳"的区别

在一些箱包制造工厂中也有使用包体模型的习惯，这种模型一般被称为"包壳"，以木头或卡纸等材料制成。这种包壳与所要制作的箱包形态完全一致，主要用途是在箱包部件的缝合过程中，将已机缝好的某些部件套在包壳上，再借助包壳的包体形态辅助其他部件的机缝。总的来说，包壳起到的是辅助工艺的作用，保持箱包在制作过程中不变形。需要使用包壳来辅助制作的箱包种类主要是定型包，如迪奥女士（Dior Lady）包和普拉达（Prada）杀手包都是在制作过程中借助了木质包壳的帮助，这种木头包壳通常也是可以拆卸的，方便调整和再利用，如图3-3、图3-4所示。

图3-3　迪奥女士包借助包壳　图3-4　普拉达杀手包
　　　　的制包过程

（二）制作包体模型所需工具和材料

工具和材料：泡沫切割机、高密度泡沫、记号笔、钢尺，如图3-5所示。

采用泡沫切割机来切割模型，操作方法比较简单：先测量正梯形体长、宽、高的最大尺寸，将泡沫切割机通电后电阻丝加热，再将大块的泡沫裁切成大致符合规格的长方体，然后将需要切割的线条用记号笔画在还未成型的泡沫块上，再次使用泡沫切割机进行细致的切割，得到需要的倒梯形体。

图3-5　制作包体模型的工具和材料

制作好倒梯形体的大型后，为了方便拆分组合，还需要切割出一对锐角三角形体和一对直角三角形体以备使用。这样，我们就得到了三个可以相互组合和拆分的包体模型：一个单独的上大下小的倒梯形体，由两个锐角三角形体和倒梯形体组成的上小下大的正梯形体，由两个直角三角形体和倒梯形体组成的长方形体，如图3-6所示。

图3-6　包体模型组合方式

使用这种方法可以制作出更多不同规格的包体模型，并且可以通过组合或拆分某个部件使一个固定的形体产生多种变化。接下来还可以以同样的方式，裁切各种不同的包体模块附件，通过增加或减少附加衬垫的方式改变包体模型的形状，如图3-7所示。

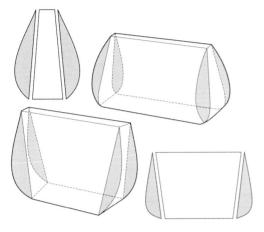

图3-7　不同的包体模型组合方式

完成这些步骤以后，使用黑色细胶带或细布条标记出包体模型的前、后中线和顶、底中线，作为后面进行立体制板时的参考线，如图3-8所示。

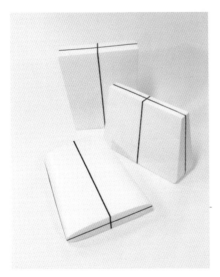

图3-8　制作好的各种包体模型

三、箱包立体制板方法

（一）整理坯布

箱包的立体制板需要以坯布作为材料，虽然箱包的成品材料大多以皮革为主，但在箱包的立体制板过程中，不可能以皮革作为直接的材料，因此在以坯布作为立体制板材料的时候需要注意坯布的纹理，如果忽略坯布的纹理方向，可能会导致其在接下来的拓板和熨烫工作中产生变形。

整理坯布首先需要分清坯布的经纬线走向，立体制板的时候沿坯布的直纱即经纱方向进行操作，以经纱从上至下的方向将坯布垂直放置在需要造型的包体模型表面。然后用软尺测量出需要使用的坯布的最长值和最宽值，可以适当多留出一些量以备造型之用。

坯布在使用之前应该先用熨斗熨烫平整，同时进行撕边处理，如图3-9所示。沿经纱方向在坯布的边缘画一条直线 x，再在坯布底部向上一些的位置画一条垂直于经纱的直线 y。需要在前后幅进行造型的款式，则白坯布只需做一条记号线经线 x，将包体前中线与经线 x 对齐；如需将前后幅和袋底同时进行造型，则白坯布上需做出两条记号线，经线 x 与包体模型的前后中线重合，纬线 y 与包体模型的底面中线重合，如图3-10所示。

图3-9　撕过边的坯布能够保持在熨烫过程中不变形

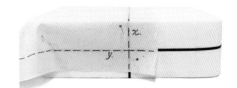

图3-10　坯布经纬线 xy 与包体模型的前中线和底中线重合

（二）体量控制

在箱包立体制板的过程中，对于体量的掌握依赖于制板师头脑中对空间的正确认识。箱包立体制板基于包体模型，所以在包体的体量控制上，一方面可以靠增减或改变包体模型的模块来控制，另一方面可以靠对坯布本身造型的改变来控制。

1. 褶皱对体量的影响

包体的形态除了可以用梯形体、长方形体和圆柱形体等几何形体来概括之外，要改变这些基础形体的最常见方法之一就是褶皱。褶皱不仅可以为结构或材料增加装饰作用，而且可以轻而易举地改变包体的形态。

褶皱工艺分为活褶和死褶两种，根据制作箱包所使用的不同材料，两种不同褶皱的运用各有特点。活褶的一端缝合，另一端呈开放状态，具有放射状和流动感的视觉效果；死褶由熨烫或机缝固定，具有工整而规律的视觉效果。由于活褶的不固定性，改变放射一端的形态可作为体量扩展的很好途径，如图3-11所示。

图3-11 褶皱前后的对比效果，可以看到褶皱的运用所增加的包体量感

2. 打角对体量的影响

箱包的打角原理类似于服装的省道，通过打角的运用使得箱包的某一部分从二维的平面结构转变为三维的立体结构。通常，箱包的立体空间由前后幅、横头和底围等结构组成，但有时为了节省材料

的使用或某些款式的需要，使用单片的材料也能够制作出立体的结构，这就需要用到打角这个工艺。

箱包的打角工艺分为两种，一种是弧线角，如图3-12所示；另一种是T形角，如图3-13所示。弧线角一般位于箱包前后幅的下角位置。

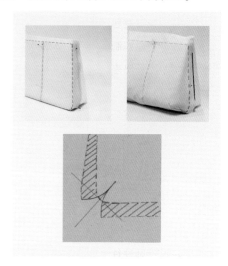

图3-12 弧线角的形态及展开

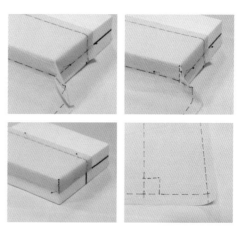

图3-13 T形角的形态及展开（使用同一块材料可以塑造包体的正侧面）

图3-12所示，是在同一块面上增加弧线角后包的体量感所产生的变化，红色斜线表示包体底围和侧围增加的面积，两者缝合后的空间就是打弧线角后包体增加的体积。

第二节　箱包立体制板案例

在箱包立体制板过程中，对箱包结构空间的掌握是关键，在第一章中已经讲过可以依靠拆分废旧箱包或者观察一些纸盒包装来加深对空间结构理解的方法，在实际的立体制板过程中，如何将包型的立体空间完整地呈现出来则需要观察力和实践力的良好配合。在以下几个案例的制作过程中，将重点使用立体制板的方法解决箱包造型中最难以把握的结构问题。

案例1　侧面打结的结构

观察设计图中的包体结构，可以看到设计的重点是侧面的交叉褶皱结构（图3-14），如果直接进行平面制板，设计师往往难以把握褶皱的放量，而在进行立体制板的过程中，褶皱所需要的放量则会随着制作过程自然而然地呈现。具体制作步骤如下：

图3-14　案例1手绘草图

①根据图中的款式在包体模型上用红色胶带贴出需要造型的区域。根据包体模型裁剪出适量的白坯布，画出中线，覆盖于模型之上，将白坯布多余的量自然地固定到包体侧面。注意，可以在坯布与包体之间留出一定的空间，适当的松量有利于塑造出自然的形体，如图3-15（a）所示。

②在塑造好的坯布上用记号笔标记出包体的顶、底边线和造型线，如图3-15（b）所示。

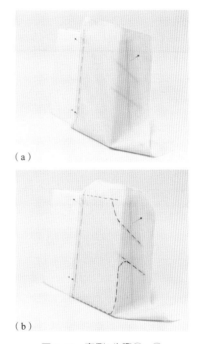

（a）

（b）

图3-15　案例1步骤①～②

③这是一个非常重要的步骤，想要塑造出设计图款式中的褶皱，就必须进行适当的放量，这个步骤可以在立体制板的时候进行。为了更好地控制具体的放量，也可以将做好标记的坯布取下平铺熨烫，在需要进行放量的Ⓐ、Ⓑ两处画出记号线，记号线

的位置和弧度关系着最终的效果，应按设计图中的效果严格加以确认。用大剪刀沿记号线剪开，摆放出适当的放松量，图中的松量在 $1\frac{1}{2}$ 英寸左右，如图3-16所示。

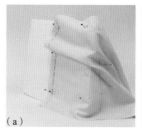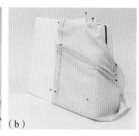

（a）　　　　　　　　　（b）

图3-17　案例1步骤④

⑤塑造好褶皱之后，沿包体顶、底线和造型线在坯布上做出记号，修剪掉多余的部分，如图3-18（a）、（b）所示。

⑥完成以上步骤之后，将坯布取下，熨烫平整后复制出另一块形状完全相同但方向相反的坯布。将这两块坯布固定到包体模型的前、后，将褶皱部分的多余量交叉到一起进行塑造，如图3-18（c）、（d）所示。复制坯布时可留出多余的量，使这两块多余的量有可活动的空间，不仅可以相互交叉，也可以打结或将其适量延长后打出蝴蝶结的形状。

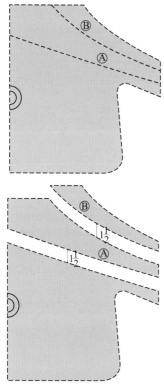

图3-16　褶皱加量展开

④将摆放好的剪开的坯布重新进行复制，拓印到另一块完整的坯布上，再将其固定到包体模型上，注意包体的顶、底位置依然和包体模型的顶、底位置相重合，如图3-17（a）所示。将多余的松量进行再次塑造，捏制出想要塑造的褶皱，用珠针固定，如图3-17（b）所示。

（a）　　　　　　　　　（b）

（c）　　　　　　　　　（d）

图3-18　案例1步骤⑤~⑥

案例2　正面打结的结构

观察设计图中的款式，此款拎包的结构和案例1中的款式有异曲同工之妙，都是在同一块造型面上利用多余的量塑造可变化的款式，如图3-19所示。

图3-19　案例2手绘草图

裁剪出适量的坯布，覆盖在包体模型上，做出顶边线、底边线、正中线及侧中线的标记，如图3-20所示。

取下做好标记的坯布，确定好造型面需要展开的松量，画出记号线。这时需要清楚的是，设计图款式中的松量从包体侧中线上的A、B点开始，延伸至包体中线处且逐渐放大，因此将记号线剪开后，摆放的位置应呈放射状，如图3-21所示。

将剪开的坯布平铺在另一块坯布上进行复制，做出C、D两点间的线段，找出线段中点，并将其延长。在延长线的两侧画出两条等距的平行线，这两条平行线间的距离就是做出蝴蝶结的坯布所需的宽度，至于坯布延长的具体长度可以暂时不确定，在做好最后造型后再进行修剪和整理，如图3-22所示。红色三角处用剪刀剪开，坯布在最后进行打结造型时可从中穿过。

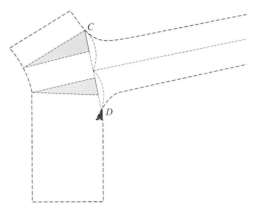

图3-22　褶皱量延长

将制作好的坯布重新放回到包体模型上，坯布的顶、底线位置和包体的顶、底线位置再次重合，这时就可以看到多余的松量沿包体侧中线至正中线形成的由小到大的褶皱松量，如图3-23（a）。

将经过验证的坯布再次取下，熨烫好后进行反方向的复制，把两块做好的坯布重新固定到包体模型上，将多出的量进行打结塑造，如图3-23（b）。

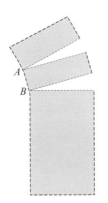

图3-20　坯布画记号线　　图3-21　褶皱展开

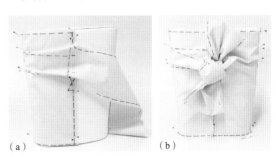

（a）　　　　　　　　　（b）

图3-23　坯布在包体模型正面打结

案例3　螺旋层叠的结构

观察设计图中的款式，如图3-24所示。此款包的体量略微扁平，主要的设计造型在于前幅，由多层材料叠加出花朵般的形态。

首先将经过熨烫和画好中线的坯布固定于包体的前幅，沿包体的前幅轮廓在坯布上做出记号线，再用红色胶条贴出各层材料的大致位置，如图3-25（a）所示。

图3-24　案例3手绘草稿

从款式的中心部分开始做，使用小块坯布覆盖在中心的红色胶条处，做出精确的标记，然后每层材料都用以上压下的方式来制作，即每层材料都压住前一层材料的边缘，如图3-25（b）所示。

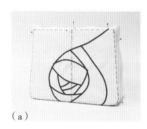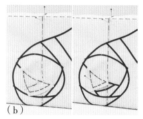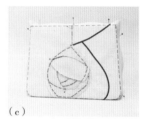

（a）　　　　　　　　　　（b）　　　　　　　　　　（c）

图3-25　制作包体中心部分

制作好的中心部分如图3-25（c）所示。

接下来制作围绕在中心部分周围的三块大的褶皱面。首先将适量的坯布熨烫好后覆盖于褶皱Ⓐ处的位置，注意坯布自上至下须保持直纱方向，并捏制出上、下两个褶皱造型，用珠针固定，再用笔做出记号线，如图3-26（a）所示。

然后以同样的方式制作褶皱Ⓑ，捏制出上方的两个褶皱，注意做记号线时应严格按包体前幅的边线进行描绘，如图3-26（b）所示。

褶皱Ⓒ的部分内含有许多小的褶皱，在制作时要特别注意理顺每个褶皱的走向和深度，如图3-26（c）所示，并做好每个褶皱的标记，以免在取下拓印的时候发生误差。

最后将制作好的中心部分层叠材料和三块大的褶皱面经过折边熨烫后重新组合，得到最终的效果，如图3-26（d）所示，再根据设计图中的款式对其进行仔细调整。

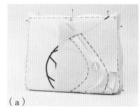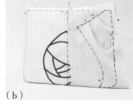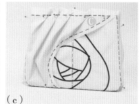

（a）　　　　　　　　（b）　　　　　　　　（c）　　　　　　　　（d）

图3-26　制作包体中心部分周围的褶皱面

针对这几个案例，我们只利用立体制板的方法解决了款式造型中最难的部分，至于款式其他部分的制作则相对简单，可直接使用坯布在包体模型上描画记号线得到，也可以直接使用平面制板的方法。在本书后面的章节中还会有详细的案例讲解平面制板与立体制板的综合使用方法。在完成了立体制板的部分之后，通常还需要做一些后续工作。

拓板：对称设计是箱包设计中常见的方法。在进行立体裁剪时，不管是左右对称还是上下对称，通常均只做一半，另一半进行对称复制即可。如果是非对称设计，另一半可直接在包体模型上制作。需要注意的是，当一边的坯布经过塑造取下拓印的时候，要提前做好一些准备工作：取比所需拓印的坯布稍大的卡纸，用介刀轻划一条中线，将卡纸沿此线对折。再将取下坯布的中线与卡纸的中线重合，两端可用珠针进行固定，布样的几个关键的点可用锥子进行确定，即点的定位，定点。锥子戳穿两层折叠的卡纸，所确定的点相对于中线完全对称，布样上的曲线可以用锥子戳点进行定位，最好是使用滚轮进行拓印（图3-27）。

组装：得到拓印到卡纸上的纸格，依照纸格外轮廓将其重新描画到白坯布上，用剪刀或介刀（亦称美工刀）将其裁下，按照需要完成的工艺熨烫好褶皱、机缝位等，并用珠针固定好需要拼缝或缝合的部位。

修板：立体制板有时存在着不确定性，在组装完成后可以很直观地观察到包型存在的缺陷，确定了需要改进的地方之后，再用记号笔重新做好标记。

验证：将经过修改的白坯布取下后平铺，将其与之前的纸格进行比较，在纸格上做出修改，多的部分裁去，少的部分可以使用卡纸和胶带进行修补。这样就得到了修改后的纸格，为了验证纸格的正确性，可以再次将修正后的纸格在白坯布上裁剪，组装后进行观察，以确定款式最后的形态。

图3-27　拓板过程

第四章
箱包平面制板

Chapter 4

课题名称：箱包平面制板

课题内容：1. 平面制板的准备工作

2. 平面制板的基本方法

3. 箱包平面制板案例

课题时间：教学/8课时、实践/8课时

教学目的：通过介绍平面制板的准备工作，使学生认识平面制板的尺寸、换算关系、测量包体尺寸的
方法及所需准备的工具；通过讲解介刀的用法，使学生掌握不同线条及形体的切割方法；
通过讲解箱包平面制板案例，使学生掌握平面制板的方法与流程。

教学要求：1. 使学生认识平面制板的尺寸、尺寸换算及比例推算方法。

2. 使学生掌握介刀的使用和十字刀的制作方法。

3. 使学生能够使用平面制板的方法认识及分解一般包型的结构。

课前准备：预习本章内容，并准备好平面制板的工具和耗材；复习第二章内容。

　　经过立体制板的学习，积累了一定的对空间结构的认识，就可以进入平面制板的学习。这一章的前半部分将详细介绍在进行箱包平面制板之前所需要做的准备工作，了解如何认识制板的尺寸、尺寸的变化和如何测量箱包各个部位的尺寸等，对这些模块的学习将为整个箱包平面制板过程打下基础；后半部分将提供三个适合于平面制板的案例，通过对这些案例逐步地学习，可以了解到针对图纸进行平面制板的步骤和流程，以及如何把握不同款式的制板重点。

第一节　平面制板的准备工作

一、认识尺寸

由于箱包行业的相关理念和技术最初都是由国外引进的，所以目前箱包制板的尺寸仍普遍以英寸为主。英寸属于英制单位，对于国内的读者来讲，英寸是比较生僻的概念，在学习和使用的过程中要注意其与我们常用的厘米等公制长度单位的区别。

（一）常用单位

英寸（inch，缩写为in），英尺（feet，缩写为ft），平方英寸（f.f.），平方英尺（s.f.），码（yard，缩写为yd），英寸、英尺在手工制板和CAD/CAM电脑制板中都是最常用的，平方英尺和码主要用于描述物料的尺寸和大小。

（二）单位换算

1英寸=2.54厘米

1英寸=8英分

1英尺=12英寸

1码=3英尺=36英寸

如图4-1所示，1英寸分为8英分，其中每一英分的表现方式如下：

1 英分 $= \dfrac{1}{8}$ 英寸 $= 0.125$ 英寸 ≈ 0.318 cm

2 英分 $= \dfrac{1}{4}$ 英寸 $= 0.25$ 英寸 ≈ 0.635 cm

3 英分 $= \dfrac{3}{8}$ 英寸 $= 0.375$ 英寸 ≈ 0.953 cm

4 英分 $= \dfrac{1}{2}$ 英寸 $= 0.5$ 英寸 ≈ 1.27 cm

5 英分 $= \dfrac{5}{8}$ 英寸 $= 0.625$ 英寸 ≈ 1.588 cm

6 英分 $= \dfrac{3}{4}$ 英寸 $= 0.75$ 英寸 ≈ 1.905 cm

7 英分 $= \dfrac{7}{8}$ 英寸 $= 0.875$ 英寸 ≈ 2.223 cm

1英寸除了分成8份之外，还能进一步被细分为16份、32份和64份，在箱包的制板中，$\dfrac{1}{8}$ 英寸、$\dfrac{1}{16}$ 英寸是经常被用到的。而当1英寸被分为16份的时候，也涉及到"半英分"的概念，从图4-2中可以看到半英分在英寸尺上的标示范围。

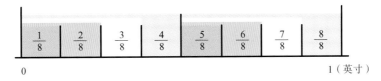

图4-1　1英寸中每一英分的写法

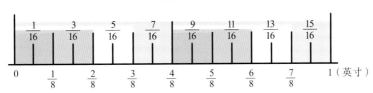

图4-2　带半英分的英寸写法

半英分 $=\dfrac{0.5}{8}$ 英寸 $=\dfrac{1}{16}$ 英寸 $=0.0625$ 英寸

1英分半 $=\dfrac{1.5}{8}$ 英寸 $=\dfrac{3}{16}$ 英寸 $=0.1875$ 英寸

2英分半 $=\dfrac{2.5}{8}$ 英寸 $=\dfrac{5}{16}$ 英寸 $=0.3125$ 英寸

3英分半 $=\dfrac{3.5}{8}$ 英寸 $=\dfrac{7}{16}$ 英寸 $=0.4375$ 英寸

4英分半 $=\dfrac{4.5}{8}$ 英寸 $=\dfrac{9}{16}$ 英寸 $=0.5625$ 英寸

5英分半 $=\dfrac{5.5}{8}$ 英寸 $=\dfrac{11}{16}$ 英寸 $=0.6875$ 英寸

6英分半 $=\dfrac{6.5}{8}$ 英寸 $=\dfrac{13}{16}$ 英寸 $=0.8125$ 英寸

7英分半 $=\dfrac{7.5}{8}$ 英寸 $=\dfrac{15}{16}$ 英寸 $=0.9375$ 英寸

需要注意的是，在分数的表示形式中，分子通常不会是小数，也就是说 $\dfrac{1.5}{8}$ 英寸这种写法不标准，准确的写法需要将分子、分母同时乘以2变为 $\dfrac{3}{16}$ 英寸，其他数值据以此类推，如 $\dfrac{1.25}{8}$ 英寸应写为 $\dfrac{5}{32}$ 英寸。

英寸的读法与十进制的公制长度单位的读法有所不同，通常，分母以8或16为单位的时候，分母是不需要读出来的，读法的变化体现在分子上。凡是涉及半英分的时候需要特别注意，对应图4-3、图4-4所示的几个尺寸，看看它们的具体读法。

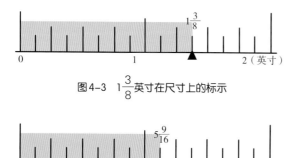

图4-3　$1\dfrac{3}{8}$ 英寸在尺寸上的标示

图4-4　$5\dfrac{9}{16}$ 在尺寸上的标示

$1\dfrac{3}{8}$ 英寸读作1寸3英分，如图4-3所示。

$5\dfrac{9}{16}$ 英寸读作5寸4英分半，如图4-4所示。

通过以上两个尺寸我们可以看到，读数的时候如果分母是8，那么直接读作几寸几分即可；如果分母是16，读数的时候则需要将分子除2，以半英分的方式来读数。另外，当英寸以32或64为分母的时候，此时分数的值很小，也可以用小数来表示。

二、实物测量和图纸尺寸

了解了制板的尺寸，我们带着这些知识继续学习针对箱包部位的测量方法。一种是针对实物的测量，这时通常是要求制板师对实物包型做出复制或改良；另一种是针对图纸推算尺寸，这时通常是制板师依据设计图纸进行直接制板，图纸上也许有某些数据的要求，也可能没有给出任何数据，而是需要由制板师凭自己的经验来解决尺寸比例问题。

（一）针对实物的测量

（1）针对有着平直面的箱包，如公文包、电脑包、银包或一些定型袋时，可以直接使用钢尺测量其平直面的尺寸。另外需要注意的是，因为成品在制作过程中难以避免会产生误差，测量以长方形为主的包型时，需要在两头和中间分别测量，取两组相同的值或者多组数据的平均值，以保证测量的精确度。

（2）针对有褶皱造型的箱包，或一些半定型袋时，可以使用软尺（最好采用有英寸单位的软尺）测量其弯曲或褶皱面。

（3）针对不规则的包型时，可以找到包型长、宽、高的最大长度进行测量，或者将其各个部件分开测量，以减少误差。

（4）如果遇到有折边或油边工艺的箱包时，在测量出其实际尺寸后，前后两端总共需要减去半英分左右的长度。

（5）如果是有埋骨工艺的箱包，应齐骨内边线处进行测量，也可以从骨的中间开始测量，如图4-5所示。测量结束后，第一种情况应加上$\frac{3}{16}$英寸的机缝位尺寸，第二种情况应加上$\frac{1}{4}$英寸的机缝位尺寸。

图4-5 测量有埋骨工艺的箱包尺寸

（6）测量包体的手挽或肩带一般使用软尺或卷尺，沿肩带或手挽的中部测量即可。如果需要针对已完成的包体预测手挽或肩带长度时，也可以采用这样一种方法——将钢尺垂直放置在袋口正中，摆放出需要的手挽或肩带高度，再将软尺一头固定在前幅袋口或一侧横头顶中部，将软尺向上拉至通过钢尺顶端，另一头固定在后幅袋口或另一侧横头顶中部，得到的这个总长度就是手挽或肩带的长度。但这个长度只是一个参考值，在实际情况中通常还需要在此基础上进行适量延长。

以上所讲的测量方法，主要是针对包体某个部件或某个面除开机缝位的测量方法，即测量的是净尺寸。得到这些尺寸开始正式制板时，还需要加上机缝工艺的尺寸。

（二）针对图纸定尺寸

在教学和设计的过程中，大多数的操作实践是建立在图纸和设计稿的基础上，除非图纸已经给出了某些既定的尺寸。一般来说，看图纸制板的重点在于以下几个方面：

首先，需要熟悉卖场里常见的箱包尺寸，这一点在设计较为市场化的产品时是一个重要的基础。通常品牌箱包产品的比例尺寸是通过一些数据统计和分析得来的，这些尺寸必须符合人体的使用需要，如银包的尺寸要能够轻松放取纸币，或者挎包肩带到袋口的垂直高度不能超过人体手臂的长度等。

其次，在进行款式设计的时候，设计师最好能给出某一个具体的尺寸，这个尺寸是一个基础值，如包体的长度和高度，这样可以通过后面将会讲到的比例推算的公式来推出其他部位的尺寸，如图4-6所示。

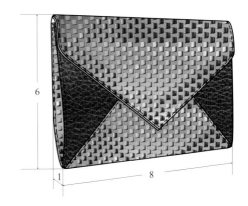

图4-6 标注主要尺寸的箱包款式图（单位：英寸）

除了以上两种最常见的情况外，还有一种是针对照片来决定尺寸，这种情况有可能出现在箱包产品的定制过程中，客户会给出一张箱包款式的照片要求设计师做出复制或改良设计，设计师根据照片中产品的比例再结合客户个人的喜好和要求来决定整个产品的尺寸，这个操作过程的依据同样是比例推算公式。

设计师在绘图时要给出一组数据，以方便制板师制板。在箱包品牌的设计部门中，设计师在绘图时通常会把箱包的效果图连同结构图一起绘制出来，有时效果图和结构图会用同一张图表示。这也表明由于箱包结构的特点促使设计师在绘图时必须重视部件比例的严谨性，绝不能为了图面的美观而进行草草描绘。

在学校的学习阶段中，针对图纸确定尺寸是最为常见的，设计师除了重视时尚元素和图面的表现技法，对产品尺寸和结构的认识也不可忽视。

三、比例推算

在针对图纸或设计稿进行制板时，通常需要在既定尺寸上进行比例的推算。

如果要将图稿款式放大或缩小，可以先计算出放大值或缩小值。其计算公式如下：

$1+x\% =$放大值

$1-x\% =$缩小值

再将放大值或缩小值分别乘以已知的包型尺寸，就可以得出放大或缩小后的尺寸。

例如：某一个包型的尺寸是12英寸（长）×3英寸（宽）×10英寸（高），要求将其放大10%。计算过程如下：

放大值：1+10%＝1.1

长：12英寸×1.1＝13.2英寸

宽：3英寸×1.1＝3.3英寸

高：10英寸×1.1＝11英寸

最后得出的长、宽、高尺寸为：13.2英寸×3.3英寸×11英寸。缩小比例的方法以此类推。

另一种情况是需要将图纸中的设计转换为成品，

这种比例缩放通常需要三个值：比例参数、实际长度和图形长度，知道其中的两个数值就可以得出另一个。其推算公式如下：

实际长度/图形长度＝比例参数

比例参数×图形长度＝实际长度

如图4-7所示，已知包型的长度是20英寸，量得图纸中的包型长度约为5英寸，那么20英寸÷5英寸就可以得到比例参数为4。

通过上面的计算公式，可以分别得出包型的其他尺寸：

4英寸（图纸宽度）×4（比例参数）=16英寸

3英寸（图纸高度）×4（比例参数）=12英寸

其他部位的尺寸以此类推。

图4-7　标注主要尺寸的箱包款式图（单位：英寸）

四、平面制板工具

平面制板工具一部分可以在文具店和五金店购买到，另一些则需要向专业供货商订购，如图4-8所示。

①胶板：目前常用的胶板为深绿色的橡胶板，尺寸规格从16开到全开不等，将其衬垫在纸张之下以免划伤桌面，其具有弹性的表面也减少刀片头的磨损。

同时其表面通常印有网格状的参考线和各种大小规格的方形、圆形，在裁切纸张的时候可以将其作为参照。

②涂改液：将其涂抹在卡纸表面遮盖各种错误的线条和标注。

③铅笔：铅笔的使用使得纸格可以被反复修改，可以配合橡皮将制板过程中描绘的线条修改擦除。

④锥子：锥子主要用于扎孔定位，也可以将其扎在纸格的边缘处使其可以围绕锥点做翻转，以便和另一纸格的边缘对比其边长，特别是直线和曲线的比较。

⑤介刀：介刀又称为美工刀，除了刀身以外，还配有成套的刀片，刀片有平口和斜口之分。介刀用以裁断卡纸、轻划纸面以切出对折中线和十字线。一套箱包纸格的裁切，很大程度上都要依赖制板师对介刀的使用熟练与否。

⑥圆规：圆规除了在制板时绘制圆形和弧形，还可用于纸格的放大或缩小，将其两脚固定为等距，以正格的边缘绘制料格所需的车反位、折边位等。

⑦圆珠笔：为配合光滑的白色卡纸，最好选择圆珠笔或固色较牢的油性笔，因为其他有色水笔画在光滑的卡纸表面不易干透，且易被磨花。圆珠笔或油性笔最好各备至少两种不同颜色，以区别纸格上不同功能的线条。

⑧剪刀：此处使用的剪刀不同于立体制板中的剪刀，这种剪刀专门用于裁剪纸张。立体制板中的大裁剪剪刀只适用于裁剪布料，并不适用于纸张的剪切，否则会使剪刀刀刃磨损。

⑨钢尺：钢尺用于绘制或辅助裁切直线，钢尺本身具有一定的弹性，制板时遇到弧度不大的曲线，还可以将其弯

曲到一定弧度进行曲线的绘制。最好准备不同规格的钢尺，如6英寸、12英寸、24英寸和36英寸等，在方便操作的前提下适应各种长短不同的线条。另外，钢尺的角较为锋利，在测量尺寸时可替代锥子直接在纸上戳孔进行定位。

在制板过程中，还可以准备三角板和软尺。三角板在制板时用以绘制一些有角度的线条，特别是90°角，如果是本身带有量角器的三角板则更佳。软尺除了用于测量箱包尺寸之外，在制板中也可以测量曲线的长度，最好是选用本身带有英寸的软尺，如果使用只带厘米的软尺测量，其读数结果则需要进行换算，但容易产生误差。

⑩双面胶/纸胶带：用以黏合断裂或破损的纸格，或黏接纸格修改后需要补充的部件。

⑪卡纸：箱包制板通常需要使用较厚的卡纸，一是避免用介刀划十字线时将其切断，二是较厚的纸张更利于纸格的长期保存。一般选用单面或双面的白色光滑卡纸，重量在250g或360g左右。卡纸的选用对于纸格的制作非常重要，一些卡纸可能由于内含较多粗糙的纤维而导致十字刀的切划不精准，最后成型的纸格也会有较大的误差。

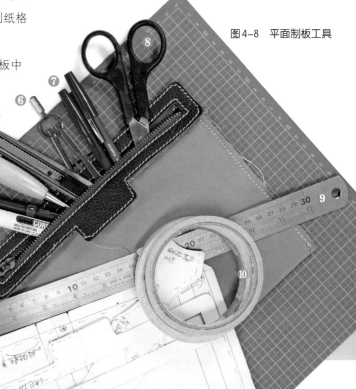

图4-8 平面制板工具

第二节 平面制板的基本方法

上一节我们了解了平面制板的准备工作和需要的工具，在这一节里，我们将学习平面制板的方法和步骤。平面制板依赖的基础是十字刀，在初期，必须对介刀进行严格的练习，在熟练掌握介刀的运用之后，再进行十字刀的练习。箱包的纸格面积都较小，需要尺寸非常精确，在运用介刀进行纸格切割时，所产生的误差通常不能超过 $\frac{1}{32}$ 英寸，由此可见，十字刀操作的准确度至关重要。

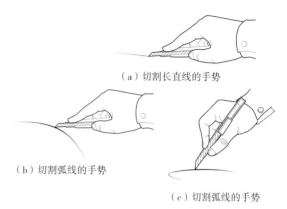

（a）切割长直线的手势

（b）切割弧线的手势

（c）切割弧线的手势

图4-9　介刀操作方法

一、介刀的运用

切割纸格是箱包制板师的基本功之一。在使用介刀时，首先应该注意的是安全问题，其次是要保证切割纸格的准确性，这就需要在握介刀的时候注意以下几个方面：

（1）握介刀一般有两种姿势：第一种是以食指用力，无名指和小指弯曲撑在桌面或纸面上作为支撑，适合切割长直的线条，如图4-9（a）所示；第二种可以参考平时握笔的姿势，以拇指、食指和中指关节用力，更适合切割短而有弧度的线条，当然，两者并没有严格的区别或要求，根据自己的习惯选择即可，如图4-9（b）、（c）所示。不管采用哪种姿势握刀，都必须保持姿势的稳定性，确保按住介刀的手指能够持续而稳定地用力，不至于使刀口由于力度大小不一而发生歪斜。

（2）切割纸面时，介刀刀片应始终垂直于纸面，刀身则可根据用力大小向上提或向下降。

（3）使用时，如果刀片伸出太长有可能在用力时折断，因此伸出两节左右最为合适。

（4）沿钢尺进行切割时，注意行刀的平稳，必须将钢尺牢牢扶稳，否则切出的线条不平直而且极易割伤手指。

二、介刀的练习

要想熟练快速地切割出准确的纸格，必须打好介刀操作的基础，在了解了介刀的运用方法之后，还需要进一步进行介刀的刀法练习。根据不同阶段，刀法练习可以分为以下几个部分。

（一）长直线练习

在卡纸上进行长直线的切割练习，在练习过程中按阶段达到以下要求：

（1）不借助钢尺，也能切出较为平直的线条，行刀过程干净利落、切口光滑，纸面无毛边和凹凸不平的痕迹。

（2）能够不借助钢尺切出间隔1英分左右宽度的长直纸条，并在规定的时间内达到一定的长度和数量。

（3）借助钢尺切割出第一条直线，从第二条直线开始不使用钢尺，只凭借眼睛看准线条之间的行距，并切割出若干条与前一条直线等距的长直线。

（二）斜直线练习

在卡纸上进行斜直线的切割练习，在练习过程中按阶段达到以下要求：

(1) 能够不借助钢尺切出间隔1~2英分宽度的长斜纸条，并在规定的时间内达到一定的长度和数量。

(2) 借助钢尺切割出第一条斜直线，从第二条斜直线开始不使用钢尺，仅凭借眼睛看准线条之间的行距，并切割出若干条与第一条直线等距的斜直线。

（三）弧线练习

在卡纸上进行弧线练习，具体方法如下：

(1) 沿正方形或矩形边缘切割弧线，将正方形或矩形修饰成圆角，用刀快速且平滑。

(2) 在卡纸上用圆规画出若干个同心圆，沿每个圆的边缘进行切割，要求切割的弧线平滑，纸面无毛边、刀口衔接的部分无明显痕迹。

长直线、斜直线和弧线的练习有助于制板师快速而熟练地进行制板工作，这些分阶段的练习将花费一定的时间，不可一蹴而就。在进行刀法练习时，也可以进行眼力训练，例如随手切割一些几何形或异形，不凭借任何测量工具切割出形体的中线，误差越小越好；也可以凭眼力找到一些几何形体的中线，再使用测量工具验证，这个训练可以在平时的生活中进行。

三、十字刀的概念和基本步骤

利用介刀对具有一定厚度的卡纸进行半切割，在纸上切出痕迹但不切透，使卡纸可以依切割线进行折叠而不折断，并通过折叠使固定的某一点找到与切割线水平对称或垂直对称的另一个点。根据几何原理，十字刀可使根据切割线水平对称或垂直对称的两点所连接的直线与切割线绝对垂直，如图4-10所示，AB 和 AC 两条线分别垂直于 x 和 y 两条切割线。这使制板师在制作矩形或带直角的纸格时能保证两条相交线互相垂直，避免产生误差。

首先，在卡纸上切割一条水平线 x，沿此条水平线进行半切割，使纸张可以对折，对折后，使用介刀刀尖或锥子在水平线 x 的中点向上或向下的部位扎一点，这一点需要将上下两层卡纸穿透。将纸张翻折的两面展开，将打透的两点借助钢尺和介刀再次半切割一条垂直线 y，这时，两条切割线呈互相垂直的状态，如图4-11所示。

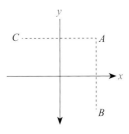

图4-10　十字刀中各点的对应关系

接下来，必须进行十字刀准确性的验证，先后将纸面沿 x、y 线折叠，沿 x 线折叠时，在 y 线上扎点；沿 y 线折叠时，在 x 线上扎点，如图4-12所示。观察穿透的这一点是否落在 x 和 y 的折线痕迹的另一半上。如果落点能和折线痕迹重合，则证明这是一块严丝合缝的十字刀基础纸格，否则，这块十字刀基础纸格本身就有误差，不能继续使用。

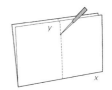

图4-11　十字刀扎点验证

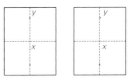

图4-12　十字刀扎点验证结果，左边正确，右边错误

根据十字刀上下左右对称的特性，可以引申出后面几个案例中普遍运用的"半尺寸法"。要制作包体某个部位的纸格，首先需要确定这个部位的长、宽尺寸，根据十字刀的特性，找到一个点就可以通过上下左右的翻折复制得到整个纸格最宽和最长的尺寸，那么这个点的位置则可以通过各一半的长、宽尺寸来决定，这就是半尺寸法。

第三节　箱包平面制板案例

案例1　有埋反底围的布包

预设尺寸为：长10英寸，高7英寸，厚$2\frac{1}{4}$英寸

观察图4-13中的包体款式，最明显的特征是从袋底延伸至包侧的底围，这是普通袋底的一种延伸形态，其附加的埋骨工艺能够支撑布包较软的廓型，使其体积感更强，也为简洁的款式起到一定的装饰作用。由于袋身由柔软的纺织品制成，矩形的前、后幅在底围和侧围相互包围的影响下，略显六边形的形态，这也是初学者在观察包型时容易出现的问题。

开始制作之前，首先切割比前幅尺寸四边均略大（通常大1英寸左右，初学者不易掌握可适当多留一些纸面以备修改）的白卡纸。前幅正格的尺寸为长10英寸，高7英寸，由于矩形前幅的形状简单，此处不需要制作正格，直接制作料格即可。将裁好的白卡纸打好十字刀，通过"半尺寸法"找到交点

A点，由于是直接制作料格，此处还应加上机缝尺寸。前、后幅的左右两侧与侧围及底围相连的工艺是车反（$\frac{1}{4}$英寸），前、后幅与袋口相连的工艺是折边（$\frac{3}{8}$英寸），所以前、后幅的四边尺寸的一半再加上这些工艺尺寸所得出的A点所在位置应是（$5\frac{1}{4}$英寸，$3\frac{13}{16}$英寸），如图4-14所示。

将A点用锥子穿透，再通过十字刀痕将纸面依次进行上下及左右的折叠，在纸面上做好记号，得到两组相互对称的点，用直尺将四个点连接，就得到了加上工艺尺寸的前幅料格的大形，如图4-15所示。

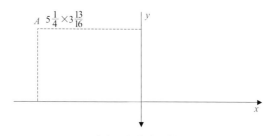

图4-14　十字刀起始点（单位：英寸）

图4-13　案例1款式图

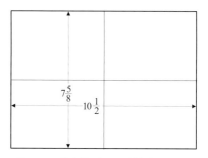

图4-15　确定外形尺寸（单位：英寸）

前幅的左右下角带有一定的弧度，先用铅笔在左侧（或右侧）的一角画出合适的弧度，并用介刀修去，再通过十字刀痕将纸面左右对折，依照上层纸面的弧度裁切下层纸面的弧度。包体的前、后幅大小形状一致，这里只需要做一块前幅即能得到后幅，完成裁切后在纸格内部写上"前后幅料×2"即可，数字代表可使用相同纸格的包体部位的数量。在纸格内按工艺尺寸画好机缝线，打上牙位，牙位在物料机缝中起到非常重要的辅助作用，不可缺少，如图4-16所示。

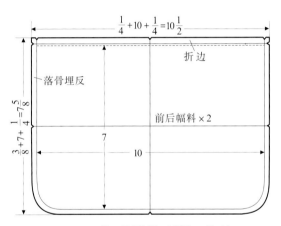

图4-16　前、后幅料格（单位：英寸）

接下来在已完成的前、后幅料格上找到底围和侧围的交界点，大概在前、后幅料格高度1/2左右，点的位置影响着包体的大体比例，若非设计图纸有严格要求，则可以由制板师来决定，并没有固定值。确定了交界点的位置，那么从交界点到顶点的位置则是左、右侧围的高度。得到左、右侧围的高度后，再根据整个包体的比例，设定左、右侧围的顶边宽度为1英寸，底边宽度和袋底宽度一致，为$2\frac{1}{4}$英寸。根据已知的边长、顶边和底边三个尺寸，加上各边的工艺尺寸，左、右侧围的总尺寸为：高$4\frac{1}{8}$英寸，上底$1\frac{1}{2}$英寸，下底$2\frac{3}{4}$英寸。

打好十字刀后开始制作左、右侧围的形状，注意左、右侧围的底边是弧形，绘制这段弧形时应做到平顺圆滑，过中线的那段弧线应与中线垂直。画好机缝线，标注纸格名称、数量及机缝工艺名称，打上牙位，如图4-17所示。

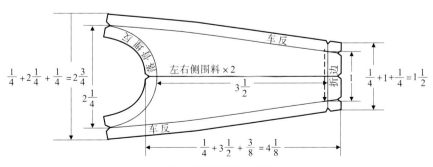

图4-17　左、右侧围料格（单位：英寸）

继续制作包体的底围，这里需要采用第二章讲过的比围法。取长度超过前后幅料格高度的白卡纸，将其横放，打好中刀，将其与前后幅料格中刀对齐，垂直于中刀画一条平行线，找到平行线与前、后幅料格相重合的中点 C 和左端点 B，使用锥子将 B 点按住，匀速缓慢地推动前、后幅料格使其向左侧翻滚，弧线每一次与平行线相切时都需要做一个相应的记号，以记录这条弧线在平行线上的长度，直到这条弧线记录完毕，最后记录底围和侧围的交点 E，即包体高度 1/2 的点，从 C 点至 E 点的距离就是底围长度的 1/4，如图 4–18 所示。

线，经修改调整后使直线 EC 和弧线 FC 等长，这项工作可以借助软尺来实现。图 4–19（a）中的红色弧线 FC 即是底围外轮廓线的 1/4。

这时可以将已做出的左、右侧围料格与蓝色纸格的水平中线对齐，将左、右侧围底边弧线与弧线 FC 内侧的黑色机缝线条相重合，修正弧度，使得两者能完全重合，并保证左、右侧围延伸至底围两侧的尖角能与底围机缝线平顺过渡，如图 4–19（b）所示。

在十字刀的基础上将底围对称复制，得到

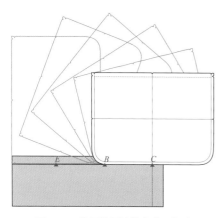

图4–18　使用比围法确定底围长度

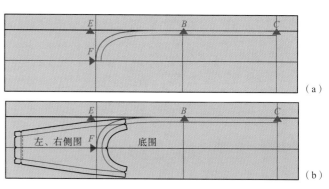

（a）

（b）

图4–19　调整及验证底围弧度

需要注意的是，比围使用的是前、后幅料格，即已经附带了机缝工艺尺寸，那么比围所得到的线段 CE 长度也已包含了机缝工艺尺寸。由于底围的顶边需要与侧围的底边弧度相吻合，因此需要将矩形纸格的前端也做成弧形，在已得到的蓝色纸格基础之上，找到 E 点并向内移约 $\frac{1}{4}$ 英寸，做一条垂直于线段 CE 的直线，通过 F、B、C 三个点做一条弧

完整的底围料格，底围总尺寸为：长 $15\frac{1}{2}$ 英寸，宽 $2\frac{3}{4}$ 英寸，在纸格内画好机缝线，标注纸格名称、数量及机缝工艺名称，打好牙位。通常为了增强袋底的硬度需要加衬托料，托料材料为 0.8mmPVC，宽度与底围正格的宽度相等，长度为底围料格与前、后幅料格相切的长度，即图 4–20 中的蓝色区域。

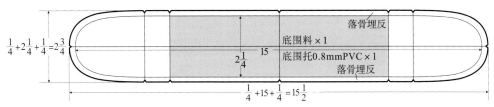

$\frac{1}{4}+2\frac{1}{4}+\frac{1}{4}=2\frac{3}{4}$

落骨埋反

底围料×1

$2\frac{1}{4}$ 15

底围托0.8mmPVC×1

落骨埋反

$\frac{1}{4}+15+\frac{1}{4}=15\frac{1}{2}$

图4-20　底围料格（单位：英寸）

接下来，再进行袋口内贴和拉链贴的制作。袋口内贴由两块相同的形状组成，长度是前、后幅正格顶边的长度加上两个1/2侧围顶边的宽度，再加上两边车反的尺寸，长度为$11\frac{1}{2}$英寸。由于袋口内贴包裹在袋口内部，弯折后会产生一定厚度，故在总尺寸的两端还需减去$\frac{1}{16}$英寸，则最后得到的尺寸是$11\frac{3}{8}$英寸。由于袋口内贴的形状由前、后幅和侧围共同决定，将前、后幅料格与左、右侧围料格按机缝线重合，这样就可以观察到袋口内贴的大致形状，如图4-21、图4-22所示。

袋口内贴的宽度没有固定值，由包体大小或设计元素来决定，在没有特殊要求的情况下，袋口内贴宽度一般是$\frac{3}{4}$英寸，加上顶边折边和底边夹车的总宽度是$1\frac{1}{2}$英寸。夹车工艺指的是将两层以上的物料一起车反，这里则是指将袋口内贴底部、拉链贴和内里合在一起车反，如图4-22所示。

制作拉链贴的纸格较为简单，袋口的宽度通常

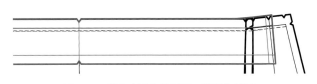

图4-21　袋口内贴与前后幅、侧围的关系

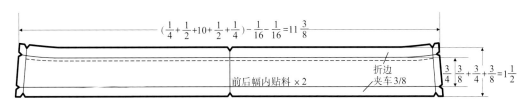

$(\frac{1}{4}+\frac{1}{2}+10+\frac{1}{2}+\frac{1}{4})-\frac{1}{16}-\frac{1}{16}=11\frac{3}{8}$

前后幅内贴料×2

折边夹车3/8

$\frac{3}{4}$ $\frac{3}{8}$ $+\frac{3}{4}+\frac{3}{8}=1\frac{1}{2}$

图4-22　前、后幅内贴料（单位：英寸）

为1英寸，袋口拉链常用5英寸拉链，宽度为$\frac{1}{2}$英寸。袋口长度和前、后幅料格长度相同，加上四边夹车的宽度，则总尺寸为：长$10\frac{3}{4}$英寸，宽$1\frac{3}{4}$英寸。纸格内部的拉链位需要用叉刀裁开，再折边。拉链贴除了面料之外，还需要托以100g非织造布，此件纸格还应再开一件袋口链贴里布，里布同样需要托以75g非织造布。这些都需要在纸格上标注清楚，如图4-23所示。

至此完成了包体的整个外围部件，就可以制作内里部分了。

箱包内里一般由较为轻薄或光滑的纺织品制成，当针对造型简单、厚度较薄的款式时，为了节省物料一般均将里布做成前、后两片，再由打角工艺塑造内部的立体形态，而不制作内里的袋底部分；当针对造型复杂、厚度较大的款式时，则会依据外袋的形状来制作内里的形状，以增强内里与包体各个面的贴合感。

这款包体的内里属于前一种情况，在此介绍一种制作这类内里的简要方法，先将适当尺寸的卡纸打好中刀，将制作好的袋口内贴料格、前、后幅料

格、侧围料格和底围料格如图4-24所示从上至下的位置摆放，注意各个纸格的中线应与卡纸的中刀相重合，且各个纸格的机缝线相重合。摆放好纸格，从袋口内贴底边机缝线开始至底围水平中线之间描绘出前、后幅内里的正格（图4-24）。

在正格外围加上夹车、车反和打角的工艺尺寸，画好机缝线，标注纸格名称、数量及工艺名称，打上牙位，如图4-25所示。在第二章内容中讲过，包体内里上通常还有插袋、手机袋和拉链袋等功能性结构，这里可直接使用备用纸格，也可依据包体款式和大小进行缩放或另行设计，如图4-26所示。

除了主体部分，对拉牌等细小部件也不可忽视。拉牌尺寸为：长3英寸，最大宽度$\frac{9}{16}$英寸，最小宽度$\frac{3}{8}$英寸，拉牌纸格是正格，只需穿过拉链头，对折后再车线即可，如图4-27所示。

最后制作肩带，肩带长度一般为18～20英寸，宽度为$\frac{3}{4}$英寸，再加上两边的折边工艺，则总宽度为$2\frac{1}{4}$英寸。肩带的纸格可不另行制作，只需将相关情况写于资料卡上即可，开料时直接在物料上裁切。

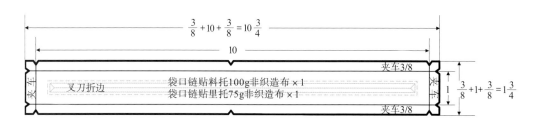

图4-23　袋口链贴料（单位：英寸）

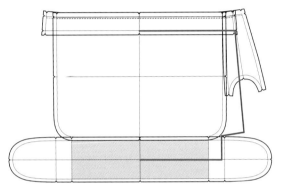

图4-24 内里与前后幅、侧围及底围的位置关系

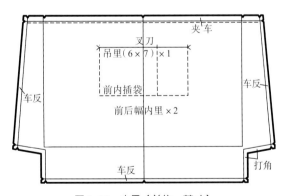

图4-25 内里（单位：英寸）

前内插袋里布×1

后内里窗贴料过0.4mm皮糠纸×1

内偷空位

后幅内里吊袋×1

图4-26 前内插袋里布、后幅内里吊袋

图4-27 拉牌（单位：英寸）

案例2　有打角的水饺形包

预设尺寸：长16英寸，高11$\frac{1}{2}$英寸，厚3英寸

图4-28中的包体款式整体呈水饺造型，两端向上翘起，袋口有月牙般的弧度，在制板的时候要特别注意把握这条弧线的走向与袋底长度的比例，这点对整体造型至关重要。

针对这种由多个块面组成且带有打角的款式，通常需要先制作款式的整体主格，这种主格可以理解为将包体平铺在水平面上，再从垂直的正上方观察包体的整个形态，这个正格里包括了所有肉眼能观察到的部件。

由于此款包没有袋底，包体侧面及底面的厚度均由前、后幅的左、右驳料的打角工艺来实现。首先制作打角工艺没有展开前的整体正格，选择好尺寸合适的白卡纸，打好中刀，按"半尺寸法"找到A点，在A点的基础上画出左边的轮廓线，沿轮廓线切割，再对称翻折切割右边的轮廓线，得到完整的复啤格【"啤"指使用"啤机"（行业口头术语，即开料时所用的"摇头机"）进行裁切，"复啤"即指再次裁切】，在复啤格内需要画出前幅左、右驳料的轮廓线和打角的成型线，如图4-29所示。

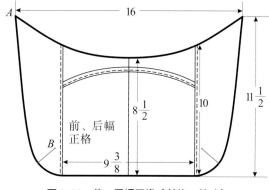

图4-29　前、后幅正格（单位：英寸）

这一步骤完成之后，将主格中的前、后幅的左、右驳料直接复制到另一张白卡纸上，由于前、后幅的左、右驳料是非对称型，所以此处不需要打十字刀或中刀。复制的时候，注意不仅要复制外轮廓线，而且要将打角成型线的起始位置也进行复制，纸格内的B点可以使用锥子穿透到下一张卡纸上做出记号。如图4-30所示，连接B、C点做延长线，在这条延长线上紧靠袋底转角的位置做一条垂线DE，以B点为起点做弧线，注意这条弧线的前1/3处要紧贴垂线DE，否则打角成型之后会有生硬的凸起，弧线超过袋底线时再向两侧扩大弧度，如图4-31所示。

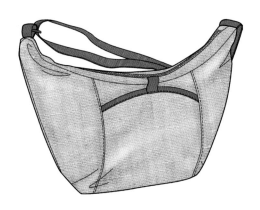

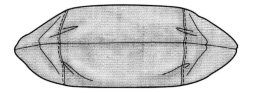

图4-28　案例2款式图

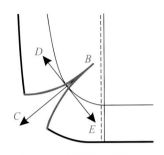

图4-30　平面打角方法

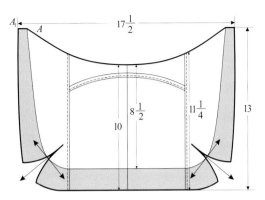

图4-32　前、后幅正格打角展开示意图（单位：英寸）

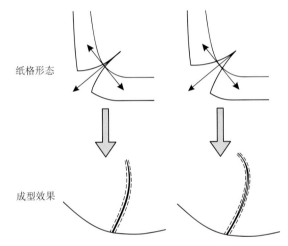

纸格形态

成型效果

图4-31　不同的打角弧线导致不同的袋角效果

打角是箱包制板中非常普遍的工艺，既塑造了包体的立体感也节省了物料，掌握了打角的基本方法，就可以在此基础上延伸出其他的解决方案。再取白卡纸打中刀将前、后幅打角正格展开纸格进行复制，在复制后的纸格四边加上工艺尺寸则可以作为前、后幅内里的纸格，总尺寸为：长18英寸，宽 $13\frac{5}{8}$ 英寸，标注纸格名称、数量及机缝工艺名称，打上牙位，如图4-33所示。同案例1一样，内里上的插袋、拉链袋和吊里也可以直接使用备用纸格，如图4-34所示。

做好打角的弧线后，将顶点 A 平行向外延伸 $\frac{3}{4}$ 英寸左右，这个宽度乘以2再加上16英寸就是袋口的宽度。将靠近侧中线的弧线底端与 A_1 点相连，靠近底中线的弧线一端做一条与袋底平行的线，蓝色阴影部分表示前、后幅的左右配料通过打角工艺所增加的面积，这些阴影面积在机缝工艺完成后即成为包体的"侧面"和"底面"，如图4-32所示。

弧线超过袋底的长度代表袋底厚度的1/2，即图4-32中的蓝色部分，宽度为 $1\frac{1}{2}$ 英寸，前、后的打角完成后，两条弧线合并所形成的立体空间正好可以构成袋底的厚度3英寸。

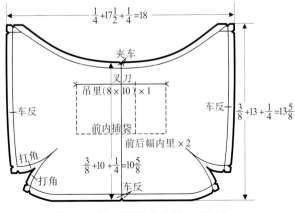

图4-33　前、后幅内里（单位：英寸）

后内里窗贴料过0.4mm快巴纸 ×1

内偷空位

手工热压LOGO牌
或打五金牌

后幅内里吊袋 ×1

前内插袋里布 ×1

对折

包折

包折

包折

折边   折   折

图4-34　后幅内里吊袋、前内插袋里布

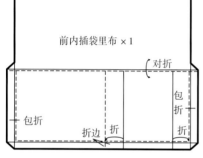

$$\frac{1}{4}+4\frac{1}{16}+\frac{3}{8}=4\frac{11}{16}$$

夹车

前、后幅左右
驳料 ×4

正反开料

车反

空折

$$\frac{3}{8}+13+\frac{1}{4}=13\frac{5}{8}$$

打角

打角

图4-35　前、后幅左右驳料（单位：英寸）

再次将打角展开纸格做分解，取白卡纸，将打角展开正格铺于其上再次描绘前、后幅的左、右驳料的外轮廓，再加上四边尺寸。要特别注意顶边机缝工艺是夹车，右侧机缝工艺为空折，总尺寸为：长$13\frac{5}{8}$英寸，宽$4\frac{11}{16}$英寸，标注纸格名称、数量及机缝工艺名称，打上牙位。由于前、后幅的左、右驳料共有四块，前、后幅各有对称的两对，开料时需要分清物料的正反面，因此纸格内还需要附加标注"正反开"，如图4-35所示。

接下来就可以制作前幅中间的上、下驳料了。从正格来看，前幅上、下驳料是由上、下两块物料共同组成并附带插袋的样式，但除了这两块主料做成的部分外，这个插袋的内里还有两块"看不见"

的里料，一块是前幅下驳料的内里部分，一块是前幅上驳料的下接部分。这是一种节约主料的制作方法，但在机缝上则需要多花一些时间。虽然对单件箱包的制作来说，一条机缝线的制作花不了多少时间，但如果放到车间中进行大货生产，所需要的时间就不是一点点了，而且机缝位的耗损加起来也会耗费为数不少的物料。制板师在这些细节上需要多加考虑，针对具体包款的实际需求，选出最合理的方案。

内里一方面用于遮盖正、背面有花型或色彩差异的主料背面，另一方面也可以遮盖背面的缝线线头。前幅插袋如果作为独立的袋体，前幅上驳料的下接部分和前幅下驳料这两块内里则需要分别制作。

取白卡纸打好中刀，对准中刀线将前幅下驳料正格的轮廓复制到卡纸上，如图4-36所示。注意，这里需要在其底边加上 $1\frac{1}{2}$ 英寸的厚度，其顶边制作包边工艺为净尺寸，左、右两侧是搭位，底围为车反，总尺寸为：长10英寸，宽8英寸。此纸格与前幅插袋内里纸格一致，可共用一件，如图4-37所示。

按同样方法制作前幅下驳里，由于上驳料的底部被下驳料所遮盖，所以底边处理为直线即可，而上驳料的高度也可加长半英寸，使下驳料与上驳料相接处不易外露。前幅上驳料顶边工艺为夹车，底边工艺为折边搭车，左、右两侧的工艺是搭位，加上工艺的总尺寸为：长10英寸，宽 $3\frac{11}{16}$ 英寸；前幅下驳里顶边工艺为折边搭车，底边工艺为车反，左、右两侧工艺为搭位，加上工艺的总尺寸为：长10英寸，宽 $7\frac{5}{8}$ 英寸，如图4-38所示。

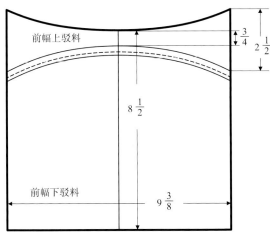

图4-36　前幅驳料正格（单位：英寸）

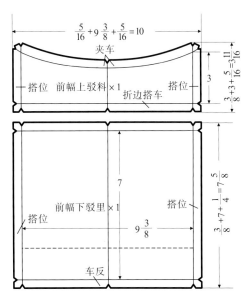

图4-38　前幅上驳料、前幅下驳里（单位：英寸）

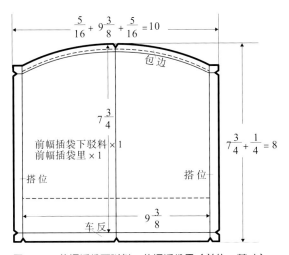

图4-37　前幅插袋下驳料、前幅插袋里（单位：英寸）

针对前幅上、下驳料还有另一种做法。保留前幅插袋料和前幅插袋里，但把前幅上驳料和前幅下驳料做成一整片，这里可以将其命名为"前幅后驳料"。这种做法虽然耗费主料，但使款式在观感上更加讲究。前幅后驳料的总尺寸为：长10英寸，宽 $10\frac{5}{8}$ 英寸，如图4-39所示。

接下来制作拉链贴，拉链贴的宽度为1英寸，长度为 $17\frac{1}{4}$ 英寸，加上四边的夹车工艺，总尺寸为：长18英寸，宽 $1\frac{3}{4}$ 英寸，如图4-40所示。

肩带的长度为55~66英寸，对折后穿过日字扣可调节长度，宽度为 $1\frac{1}{2}$ 英寸；耳仔的尺寸是 $\frac{3}{4}$ 英寸×1英寸。由于肩带和耳仔均使用织带制成，两者亦无须制作纸格，只需将相关情况写于资料卡上即可。

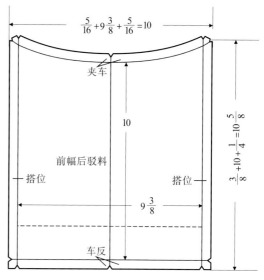

图4-39　前幅后驳料（单位：英寸）

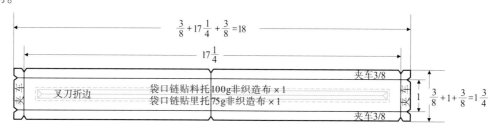

图4-40　袋口链贴料、袋口链贴里（单位：英寸）

案例3　有贴袋和袋底的挎包

预设尺寸：长13英寸，高10英寸，厚5英寸

图4-41中是一款包底接近于半圆形的挎包，包体前幅有装饰结构形成的插袋，后幅有拉链袋，包底较宽。此款包的重点在于袋身前幅和前幅插袋的结构关系，以及通过前、后幅长度得到袋底长度的比围法。

取合适尺寸的白卡纸，打好中刀，先制作整体主格，主格总尺寸为：长13英寸，宽10英寸。通

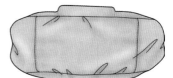

图4-41　案例3款式图

过"半尺寸法"做出左边的轮廓，再左右复制得到完整的复啤格外形，并需要在内部画出插袋以及包边条的位置，如图4-42所示。

再依据前幅主格做出前幅及前后幅里的料格，顶边工艺是折边，侧边和底边工艺均是埋反，加上工艺尺寸其总尺寸为：长 $13\frac{1}{2}$ 英寸，宽 $10\frac{5}{8}$ 英寸，如图4-43所示。内里上的插袋、拉链袋和吊里均可参照前两个案例，如图4-44所示。

有了前幅复啤格和前幅料格，可以此为基础做出前幅插袋。在复啤格上可以看到前幅插袋的两条边线，插袋有一定的立体体积，而此处的两条边线

图4-44　后幅内里吊袋、前内插袋里

并不需要切割开，这就需要使用打褶的方法在一整块材料上塑造出插袋的立体感。从复啤格上复制出插袋的形状，使用锥子扎透卡纸并将两条边线的位置准确复制到下层卡纸上，再将复制好的两条线分别向左右平移 $1\frac{1}{2}$ 英寸，完成后的插袋厚度为 $\frac{3}{4}$ 英寸。复制后的前幅插袋已经包含了三边埋反的工艺尺寸，只需要在顶边加上折边工艺即可，总尺寸为：长 $16\frac{1}{2}$ 英寸，宽 $7\frac{5}{8}$ 英寸，如图4-45所示。

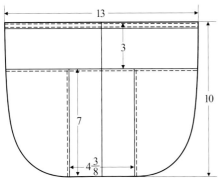

图4-42　前幅正格（单位：英寸）

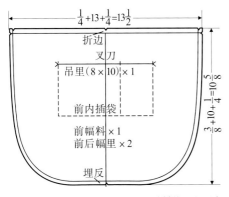

图4-43　前幅料格、前后幅里（单位：英寸）

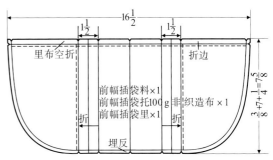

图4-45　前幅插袋料格、前幅插袋里（单位：英寸）

完成前幅的制作后，接下来继续做后幅的相关纸格，首先做后幅复啤格，尺寸同前幅复啤格，需在纸格内准确画出包边、拉链的形状，如图4-46所示。

后幅料格与前幅料格大小相同，中部安装一条拉链，拉链位置与前幅插袋顶边位置相同。后幅拉链宽度为 $\frac{1}{2}$ 英寸，所以需要在后幅料格上、下两部分高度各减去 $\frac{1}{4}$ 英寸，减去后两部分高则各为 $2\frac{3}{4}$ 英寸和 $6\frac{3}{4}$ 英寸。后幅上驳料四边工艺为：顶边、底边折边，左、右侧车反，总尺寸为：长 $13\frac{1}{2}$ 英寸，宽 $3\frac{1}{2}$ 英寸；后幅下驳料四边工艺为：顶边折边，其余三边均为埋反，总尺寸为：长 $13\frac{1}{4}$ 英寸，宽 $7\frac{3}{8}$ 英寸，如图4-47所示。

接下来按照案例1中讲过的比围法依据前幅复啤格做出侧围和底围的复啤格，总尺寸为：长 $28\frac{7}{8}$ 英寸，上底 $3\frac{1}{2}$ 英寸，下底5英寸，如图4-48所示。

再按照侧围、底围复啤格分解出袋底和侧围的纸格。侧围长度为 $9\frac{1}{2}$ 英寸，顶 $3\frac{1}{2}$ 英寸，底5英寸，加上三边埋反和底边搭车，总尺寸为：长 $10\frac{1}{8}$ 英寸，上底4英寸，下底 $5\frac{1}{2}$ 英寸，如图4-49所示；袋底长度为10英寸，宽度为5英寸，加上顶、下底两侧车反，左、右两侧折边，总尺寸为：长 $10\frac{3}{4}$ 英寸，宽 $5\frac{1}{2}$ 英寸，如图4-50中蓝色阴影所示。为使袋底更牢固，底围需要厚度为1mm的PVC托料（图4-50）。

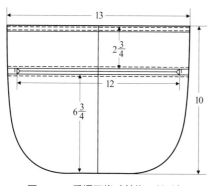

图4-46　后幅正格（单位：英寸）

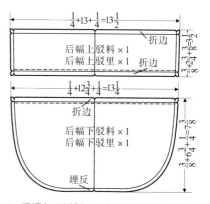

图4-47　后幅上下驳料、后幅上下驳里（单位：英寸）

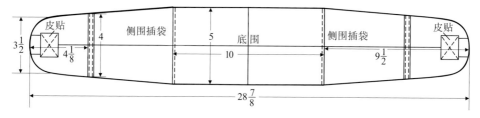

图4-48　侧围、底围正格（单位：英寸）

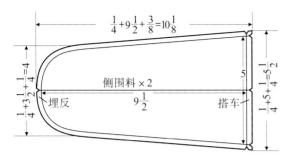

图4-49 侧围料（单位：英寸）

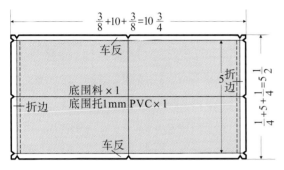

图4-50 底围料（单位：英寸）

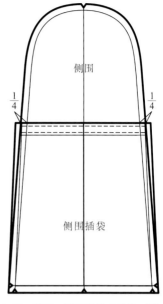

图4-51 侧围、侧围插袋（单位：英寸）

　　在侧围的基础上再发展出侧围插袋的纸格，在侧围料格的基础上制作出侧围插袋的料格。插袋料应比侧围料更宽，这样才能留有一定的空间放置物品，两侧放量各为 $\frac{1}{4}$ 英寸，插袋料的长变为 $4\frac{3}{8}$ 英寸，如图4-51所示；侧围插袋的顶边工艺为包边，留净尺寸，底边工艺为搭车，两侧工艺均为车反，总尺寸为：长 $5\frac{3}{4}$ 英寸，上底 $4\frac{7}{8}$ 英寸，下底 $6\frac{1}{8}$ 英寸，如图4-52所示。

　　肩带的尺寸与案例2的款式相同，长度为 55～66 英寸，对折后穿过日字扣可调节长度，宽度为 $1\frac{3}{4}$ 英寸；耳仔是位于侧围上的皮贴，尺寸为：长 $2\frac{1}{4}$ 英寸，宽 $1\frac{1}{2}$ 英寸，由于肩带和耳仔两者都无需制作纸格，只需将相关情况写于资料卡之上即可，开料时直接在物料上裁切。

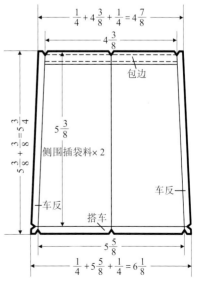

图4-52 侧围插袋料（单位：英寸）

第五章 平面立体结合制板案例研究

课题名称：平面立体结合制板案例研究

课题内容：1. 一模多用，即兴发挥

2. 专模专用，精确制板

课题时间：教学/4课时、实践/6课时

教学目的：通过讲解一模多用与专模专用这两种不同的方法，使学生深刻认识平面制板与立体制板各自的优势所在，并能开启思维创造性地解决箱包结构上的难题。

教学要求：1. 使学生能够针对具体箱包款式的特点，快速而准确地制订平面立体结合制板方案。

2. 使学生能够熟练使用平面立体结合制板的方法分解特殊的箱包结构。

课前准备：自行设计并制作一款包体模型；针对一款具有特殊结构的箱包制作相应的包体模型。

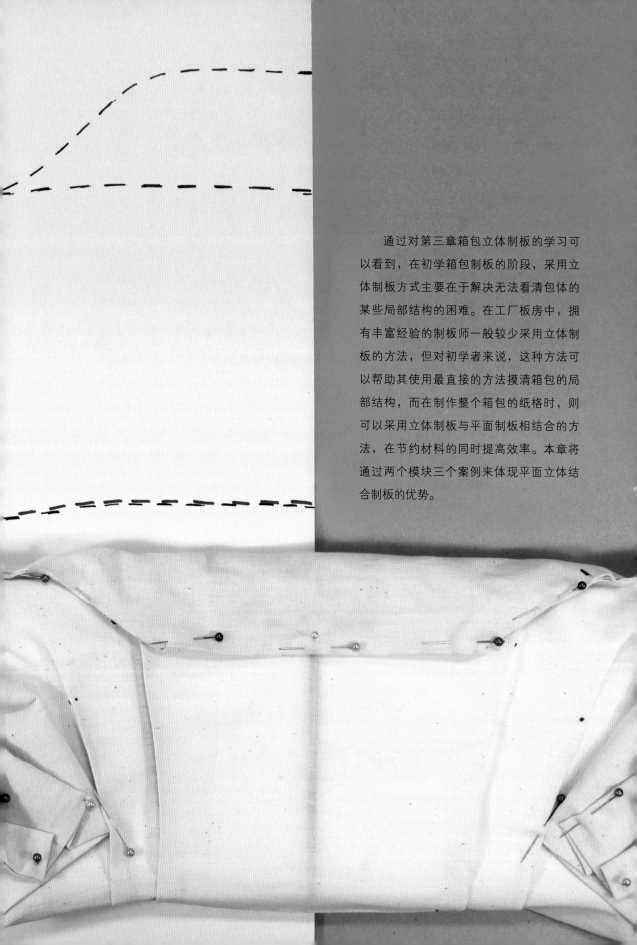

通过对第三章箱包立体制板的学习可以看到，在初学箱包制板的阶段，采用立体制板方式主要在于解决无法看清包体的某些局部结构的困难。在工厂板房中，拥有丰富经验的制板师一般较少采用立体制板的方法，但对初学者来说，这种方法可以帮助其使用最直接的方法摸清箱包的局部结构，而在制作整个箱包的纸格时，则可以采用立体制板与平面制板相结合的方法，在节约材料的同时提高效率。本章将通过两个模块三个案例来体现平面立体结合制板的优势。

一模多用，即兴发挥

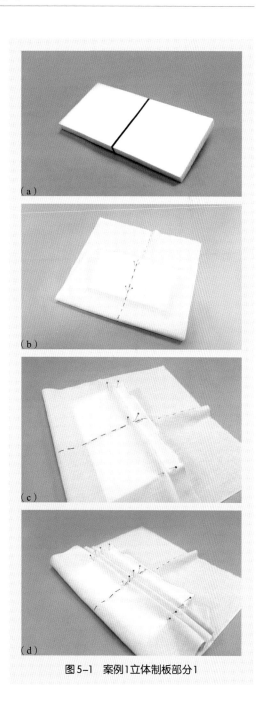

针对一些具有类似外形的箱包可以在立体制板时使用同一个包体模型，以此模型为基础，在立体制板的过程中任意发挥，不受具体设计图的限制。反过来说，在做此类立体制板之前，应先行整理出预想中的箱包款式的共通点，以便制作出可供多个款式使用的包体模型。

图5-1所示的包体模型是一款厚度较薄的长方体，针对这一特征，设计师预想了两款与之适合的箱包款式。首先在准备好的包体模型上贴好前、后幅中线，如图5-1（a）所示。准备好包裹整个包体大身的白坯布，画好中线对齐包体模型的中线，覆盖其上，并在包体下部预留好准备做褶皱的量，如图5-1（b）所示。

在包体前幅做出一个向上方的 $\frac{3}{4}$ 英寸左右的褶皱，如图5-1（c）所示。接着在等距位置再制作两个相同的褶皱，如图5-1（d）所示。

图5-1　案例1立体制板部分1

　　完成褶皱之后，将包体一侧多余的量剪去，露出包体的侧面，如图5-2（a）、（b）所示。由于此时还未确定具体需要剪去的量，因此可在包体左右两侧各剪去不同的量，最后在验证纸格的时候取最佳效果。

　　用彩色细胶带在包体后幅一侧贴出一组放射线，作为后幅褶皱方向的参考，如图5-2（c）所示。将预留的包体大身的白坯布翻转后覆盖到包体模型的后幅上，对齐中线，用珠针固定，如图5-2（d）所示。

　　按已经贴好的彩色胶条分别做出三个向上和三个向下宽度在$\frac{3}{8}$英寸左右的褶皱，用珠针固定，如图5-2（e）、（f）所示。

（c）

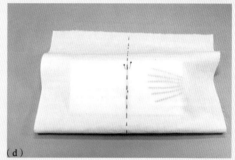
（d）

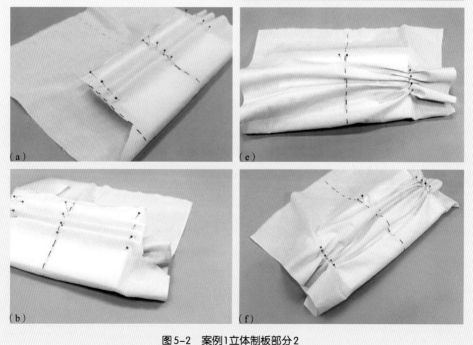
（a）　（e）　（b）　（f）

图5-2　案例1立体制板部分2

接着再把已经做好褶皱的后幅多余的量翻转至前幅，与前幅边缘固定，如图5-3（a）、（b）所示。

将前、后幅的下侧连接好，做出一个尖角形，如图5-3（c）所示，这一步是使用整片材料做出包体大身的关键。

接着整理好后幅的褶皱，注意后幅中线和包体模型中线必须保持重合，并用珠针固定，如图5-3（d）所示。

使用记号笔沿珠针别好的位置做出准确的记号，在袋口部位画出袋口边缘线，最后用大剪刀进行修剪，如图5-3（e）、（f）所示。

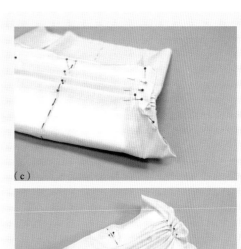

(c)

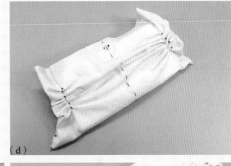

(d)

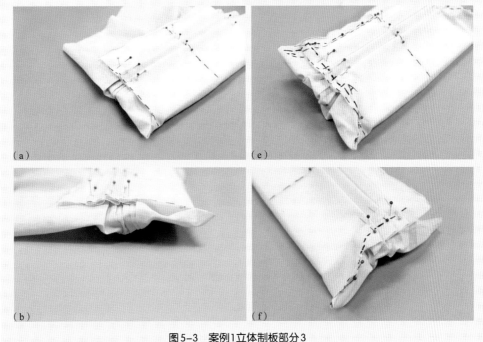

(a)

(b)

(e)

(f)

图5-3　案例1立体制板部分3

将做好记号的白坯布取下，沿白坯布中线对折后重新熨烫平铺，这时可以看到由于包体左、右两侧修剪的量不同而形成不同的效果，如图5-4所示。

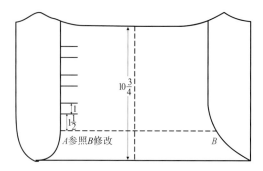

图5-4　白坯布的平面拓印图（单位：英寸）

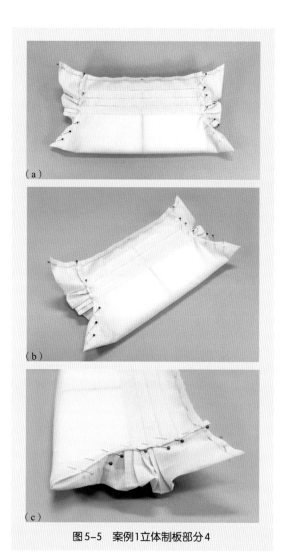

图5-5　案例1立体制板部分4

将白卡纸打好中线，用滚轮沿记号线将其拓印到白卡纸上，由于右侧尖角B的弧度更加饱满，所以在两侧不同的尖角中取右侧的效果，用介刀将整个形裁切。将裁切好的纸格再次用白坯布裁出，重新做出前、后幅的褶皱，再次在包体模型上组装出来，如图5-5（a）～（c）所示。

此时需要在纸格上将缺失的A部分重新填补，这样就可以得到整个大身的正格，如图5-6所示。

此时已经完成了立体制板的部分，接下来需要进行平面制板的部分。

此款包的结构较为简单，体积也较小，不适宜放置较大的物品，除了大身这一关键部分，只需再制作前、后幅里就足够了。制作里布可先测量已做好的箱包款式的长宽高来确定，再按照第四章箱包平面制板中的制板方法来实施，为使制板的效率更高，这里介绍一种更为简便的方法。

图5-6　修改后的大身正格（单位：英寸）

首先将白卡纸打好中线并对折，将塑好形的白坯布连同包体模型的中线一起对齐白卡纸的中线，用记号笔沿白坯布边缘将形描出，描好的形如图5-7中的黑色虚线。

前后幅里正格

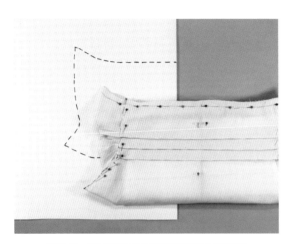

图5-7 用快速而直接的方法得到内里形态

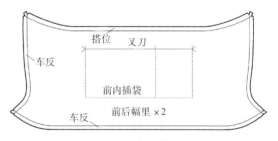

搭位 叉刀

车反

前内插袋

车反 前后幅里 ×2

图5-9 大身内里

黑色虚线内的范围可视为异形包体的剖面图，也可作为里布外形的参考。用介刀沿黑色虚线对称地裁切，这样就得到了袋身的正格，如图5-8所示。在此基础之上，制作大身内里，虽然大身只有一整片，但内里仍应视为前后两片形状相同的材料，如图5-9所示。

除了大身和内里的前、后幅，还需要继续制作其他部件，袋口内贴和前后幅内里是必须具备的，内里前、后幅上的插袋和拉链袋则可以作为完善包体功能的部件加以考虑。袋口内贴可以在黑色虚线的基础上做出来，如图5-10所示。

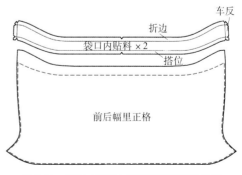

车反

折边

袋口内贴料 ×2

搭位

前后幅里正格

袋身正格

图5-8 袋身正格

图5-10 袋口内贴料与前后幅里正格的关系

插袋和拉链袋可以参考第二章中的"备用纸格"内容，按照包体大小制作适合的插袋、拉链袋和吊里，也可以在已有的备用纸格上进行修改，如图5-11所示。当然，内里上不一定都要有这两种附件，设计师和制板师可以根据具体情况另行设计其他的袋体部件。

根据这款包体模型，还可以设计其他的包型。案例1的款式是利用大身纵向的多余布量塑造前、后幅上的褶皱，这一次设计师尝试使用大身横向的多余布量塑造包体两侧的造型。

首先将已有的包体模型再次用彩色胶条贴上顶底中线，将多出包体两侧各约8英寸的白坯布画上横纵中线，覆盖于包体之上并包裹包体整个大身，用珠针固定，如图5-12（a）所示。

将包体一侧坯布底边的中点翻折至包体前幅，使前幅坯布和翻折的坯布之间形成一个适当的角度，将底边中点标记为 A 点，翻折点标记为 B 点，如图5-12（b）所示。

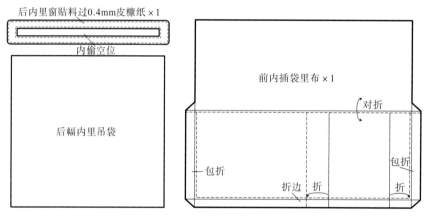

图5-11　后幅内里吊袋、前内插袋里布

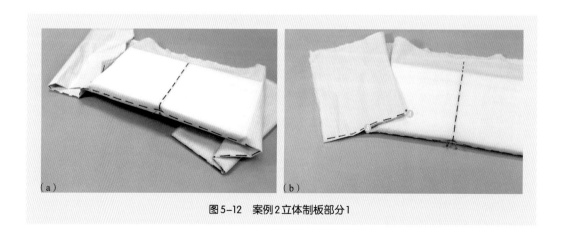

图5-12　案例2立体制板部分1

将包体前幅的白坯布翻下，在包体前幅上用彩色胶条做出褶皱标记，如图5-13（a）所示。

依照记号线捏制出前幅的两个宽度在$\frac{3}{8}$英寸左、右的褶皱，后幅同样，如图5-13（b）所示。

在 A 点一侧翻折的坯布上再做出两个折向包体中线的$\frac{3}{4}$英寸左右的褶皱，用珠针固定，如图5-13（c）所示。

将包体顶部白坯布的最末端 C 点拉至包体底部固定，与 B 点重合，在 A 点和 B、C 点之间形成一个旋涡状结构，如图5-13（d）所示。

用珠针合拢包体顶边至 B、C 点的白坯布，包体顶边多余的白坯布翻折下来正好形成一个包盖的形状，用记号笔描画出包盖的形状，连同包盖至 B、C 点的边线都做好记号，如图5-13（e）、（f）所示。

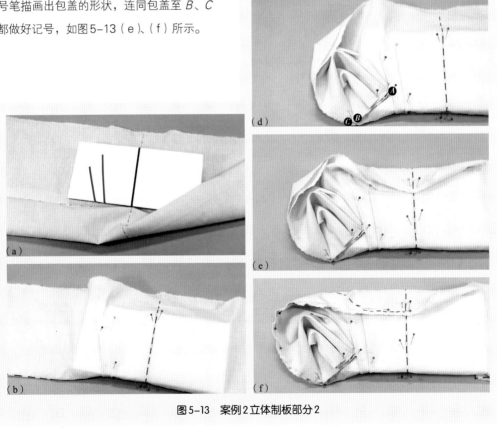

图5-13　案例2立体制板部分2

根据预想的设计修剪掉多余的布量，如图5-14所示。

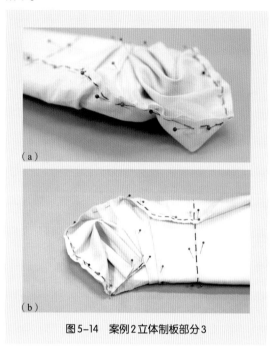

（a）

（b）

图5-14　案例2立体制板部分3

将塑造好的白坯布取下，平铺熨烫，修补记号线，将其拓到白卡纸上，得到整个大身的正格。再结合此款包的款式特点，可以为包盖延伸设计其他的开合方式。

第一种做法是包盖的盖面和盖底由大身上、下端的多余部分共同组成。这种方法只需要在盖面与盖底之间车上拉链，或用其他扣合件连接即可，使用的时候将两者共同翻折到大身前面。在这种做法中需要特别注意的是，为了使包盖能够自然翻盖，包体大身的盖面需要比盖底高$\frac{3}{16}$英寸左右，也就是大身的下半部分应比上半部分长$\frac{3}{16}$英寸左右，如图5-15所示。盖面高出盖底的部分需要平行，弧线从顶边慢慢靠拢盖底的弧线，保证两条弧线的长度相等，如图5-15所示。

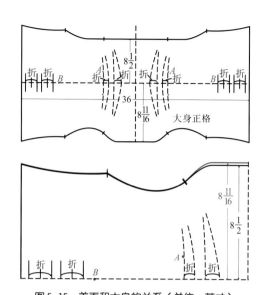

图5-15　盖面和大身的关系（单位：英寸）

将正格重新在白坯布上裁剪，熨烫好褶皱和边缘，组装成型，如图5-16所示。

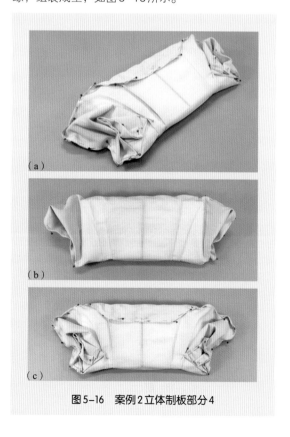

（a）

（b）

（c）

图5-16　案例2立体制板部分4

完成了立体制板部分，按照案例1的方法制作内里的正格，注意需要将包盖翻折成平铺状态再进行外轮廓的描画，如图5-17所示，加上四边机缝位，经过再次对称裁切得到内里的纸格，如图5-18所示。

第一种做法较为简单，除了大身和内里之外，只需要添加插袋、拉链窗及内里吊袋即可，如图5-19所示。

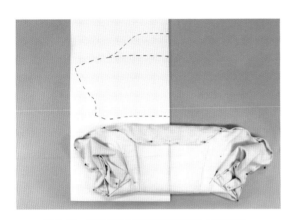

图5-17 用快速而直接的方法得到内里形态

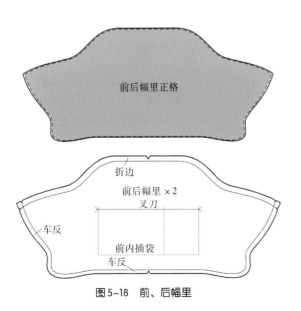

图5-18 前、后幅里

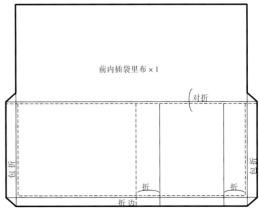

图5-19 后幅内里吊袋、前内插袋里布

在第一种做法的基础之上，可以延伸出第二种做法，去掉大身上端多余的部分，将其做成袋口，用大身下端的多余部分做成包盖的盖面，如图5-20所示。

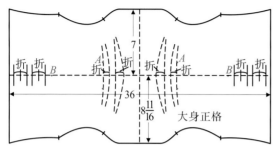

图5-20　大身正格（单位：英寸）

使用这种方法除了包盖还需要单独制作出盖底、袋口内贴和内里的纸格，这三个部件可以在前后幅里正格的基础上直接制作，如图5-21、图5-22所示。

图5-21　盖底、袋口内贴和前后幅内里的关系，注意此处的袋口内贴只有一片

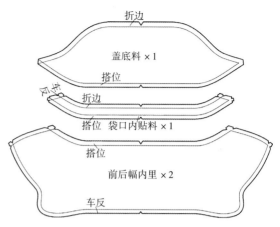

图5-22　盖底料、袋口内贴料、前后幅内里料

案例2的最终成型效果如图5-23所示。

　　由于这款包体积较小，可以不制作内里插袋、拉链窗和内里吊袋等部件。如果需要，也可以在备用纸格基础上调整，制作方法同前。

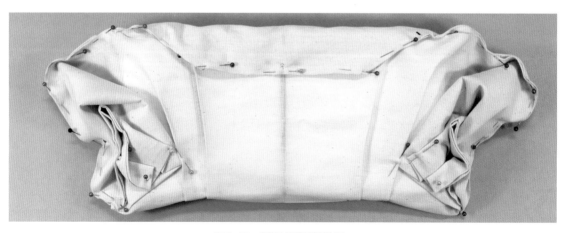

图5-23　坯布成型最终效果

专模专用，精准制板

这款包是本章内容的最后一个实作范例，制作难度较大。我们将使用立体制板和平面制板的方法分别制作包褶皱Ⓐ、Ⓑ的部分，以清晰比较平面制板与立体制板两者的特点及优势，最后再使用平面制板方法制作其余的部件。

一、重点难点分析

此款包的袋口比袋底窄，从袋底到包体最宽处有弧线形的起翘，整个包体的造型似倒置的扇形，如图5-24所示。此款包的制板难点在于包体两侧

的褶皱，以包体一侧为例，如果要让褶皱Ⓐ和Ⓑ用同一块材料制成，那么袋底的起翘则不可能实现，要想实现袋底的起翘，褶皱Ⓐ和Ⓑ就只有分开制作，分别使用两块材料，然后将车反位隐藏在褶皱Ⓐ中。

难点：如何掌握褶皱Ⓐ和Ⓑ部分的弧度以及接驳部分的结构及工艺。

重点：把握袋口、袋底以及包体最宽部位的比例。

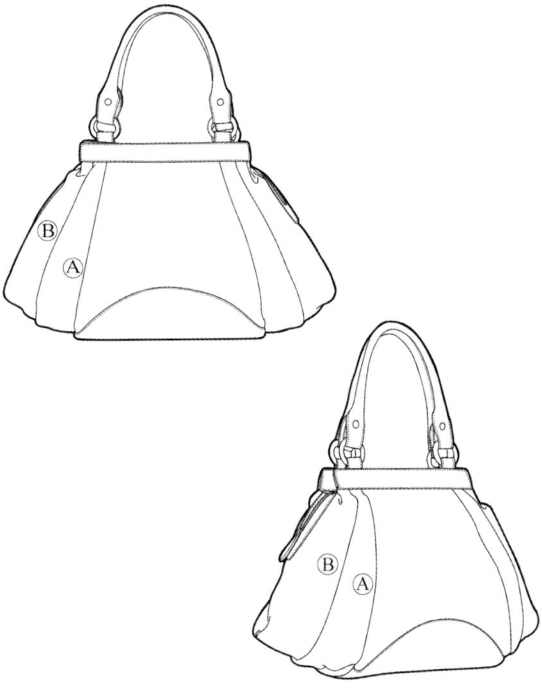

二、制作泡沫模型

根据设计图中的各个尺寸（图5-25），按照第三章中介绍的方法制作泡沫模型，并在完成后的模型上用胶条贴出前后及顶底中线，如图5-26（a）~（c）所示。

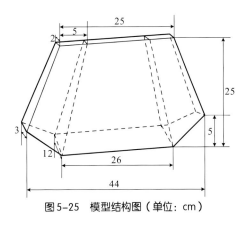

图5-25　模型结构图（单位：cm）

图5-24　案例3款式图（图中Ⓐ、Ⓑ分别表示两块不同的褶皱）

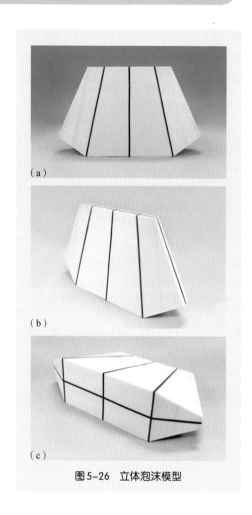

（a）

（b）

（c）

图5-26 立体泡沫模型

三、实作步骤

　　白坯布在使用前需要先画好两条垂直线：一条沿坯布的直丝方向画在坯布边缘，对准模型的正面中心线 x；另一条线则与此线垂直，对准模型中的侧面中心线 y，如图5-27（a）所示。

　　接下来制作褶皱Ⓐ的部分。捏制出约为 $\frac{3}{4}$ 英寸的褶皱（褶皱展开约为 $1\frac{1}{2}$ 英寸），沿模型凸起的棱角平顺捏制褶皱，并用珠针固定，如图5-27（b）、（c）所示。褶皱经过袋底的同时要注意保持平顺，从上到下褶皱的宽度要一致，如图5-27（d）所示。

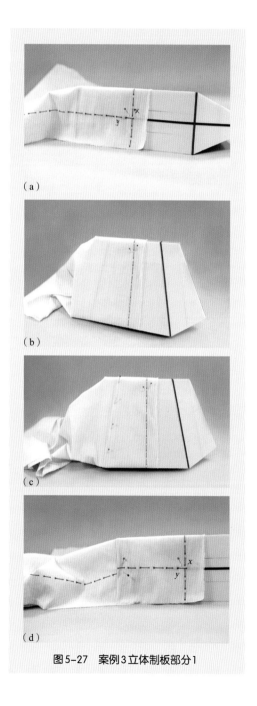

（a）

（b）

（c）

（d）

图5-27 案例3立体制板部分1

在重点难点分析里曾讲到，要实现袋底的弧形起翘，褶皱Ⓐ和Ⓑ就很难用同一块白坯布制作，接下来就需要将制作褶皱Ⓑ的白坯布剪下。在剪下之前，需要将褶皱Ⓐ的打褶痕迹做好标记，虚线部分表示褶皱Ⓑ和褶皱Ⓐ相连部位的车反位置，如图5-28（a）、（b）所示。

将褶皱Ⓐ反向翻折，露出虚线位置，用剪刀裁剪。注意裁剪的时候要在虚线外围预留出至少$\frac{1}{4}$~$\frac{5}{16}$英寸的距离，如图5-28（c）所示。

剪裁完成之后，将制作褶皱Ⓑ的白坯布连接到虚线位置，用珠针固定，如图5-28（d）、（e）所示。

接下来按照和制作褶皱Ⓐ同样的方法在此块白坯布上捏制褶皱Ⓑ。褶皱捏制到袋底时同样需要注意保持平顺，沿袋底中线用黑色记号笔做出新的底中线，并可看到较之前坯布上的底中线的变化，如图5-28（f）、（g）所示。

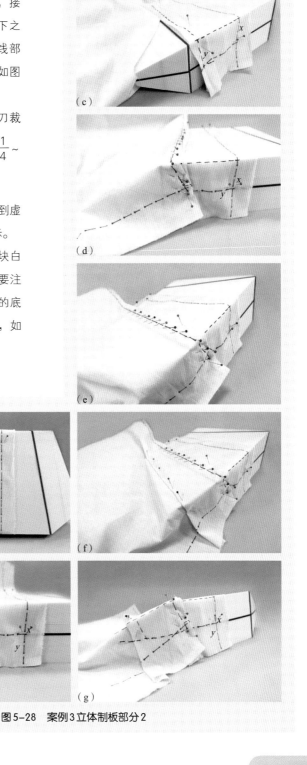

图5-28　案例3立体制板部分2

将褶皱Ⓑ进行翻折，做出另一边的记号，如图5-29（a）所示。

将袋底与侧围的交界处做出一个打角的结构，用珠针固定后，在侧围做出准确记号，如图5-29（b）、（c）所示。

此时可以将多余的白坯布剪去，以方便后面的制作，如图5-29（d）所示。再使用珠针别出从包体的袋底到袋口的大体形状，用记号笔做出记号，并根据效果图中手袋的造型自行调整，如图5-29（e）所示。

这时将做好记号线的坯布取下，可以看到褶皱Ⓑ顺着包体模型的棱角从顶部延伸至底部，在弯折处形成一个自然的凸起结构，如图5-30所示。这是必须保留的部分，切勿在熨烫过程中将其熨平。褶皱Ⓐ和褶皱Ⓑ的展开如图5-31所示。

最后用滚轮将坯布的外轮廓及内部记号线拓印到白卡纸上，做出褶皱Ⓐ、褶皱Ⓑ两部分及大身中驳的料格，并将三部分裁切熨烫，再进行组装以验证形体。通过再次组装，可以看到打角结构为包体的侧面与底面交界处塑造的立体空间，如图5-32所示。

通过组装，造型上的问题会很容易被发现，可用记号笔再次标注需要修改的部位，如图5-33所示。然后修改纸格，以达到和修改后的坯布完全相同的效果。

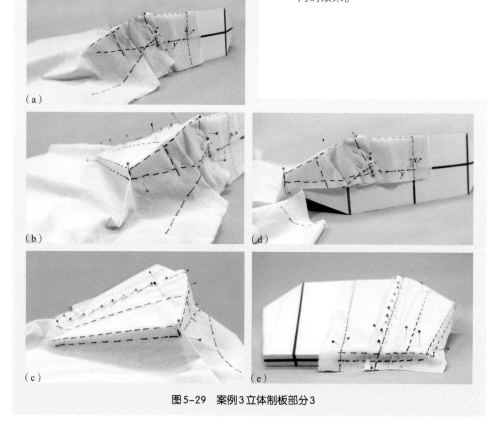

（a）

（b）　　（d）

（c）　　（e）

图5-29　案例3立体制板部分3

图5-30　褶皱Ⓑ

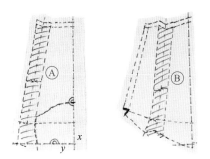

图5-31　完成立裁的褶皱Ⓐ、褶皱Ⓑ部分

图5-32　打角结构

图5-33　组装坯布并验证修改

通过再次修改纸格，得到褶皱Ⓐ、褶皱Ⓑ部分及前、后幅下驳的正格，如图5-34所示。

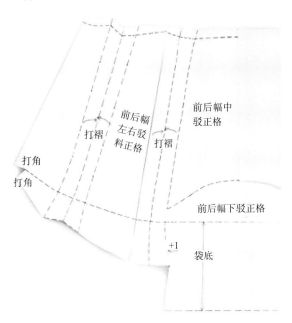

图5-34　褶皱与前后幅下驳的关系（单位：英寸）

为体现立体制板与平面制板两者各自的优势，平面制板部分由另一位制板师在完全独立的环境下制作完成。制板完成后，我们得到了由两种不同方法制得的褶皱Ⓐ、褶皱Ⓑ的展开形态及前后幅的正格，如图5-35所示，从中可以清楚地了解到两位制板师在使用不同方法时采取的不同思路和手段。

从图5-35中两张图的对比可以看到，两种制作方法的出发点基本是相同的，都是将Ⓐ、Ⓑ两处褶皱分开制作，只是在褶皱的制作方法和放量上有所不同，最后的效果虽有所差异，但区别不大。

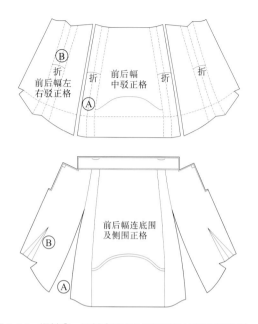

图 5-35　褶皱Ⓐ、褶皱Ⓑ的立体制板和平面制板的差异

四、平面制板步骤

使用立体制板的方式解决了包体结构中最难的褶皱Ⓐ、褶皱Ⓑ的部分，下面再来看看使用平面制板的方法应该按怎样的步骤来制作。由于立体制板的方法只是为了辅助后续的平面制板，两者对比的部分完成之后，平面制板部分将讲解完整的出格步骤。

首先制作出包体的正格，它将为其他各个部件的纸格分解提供参考。需要注意的是，此部分正格包含了底围和侧围的一部分，如图 5-36 所示。

图 5-36　前后幅连底围及侧围正格

制作出整个包体的正格之后，可紧接着分解袋口贴的部分。袋口贴需要具有一定的厚度，可以加托 0.8mm 的皮糠纸，由于袋口贴放大配皮四边都需要裁切，所以还需要制作复啤格，如图 5-37 所示。

前后幅袋口贴放大配皮 ×2 1mm SP过0.8mm皮糠纸 ×2

四边油边　　前后幅袋口贴复啤格

图 5-37　前后幅袋口贴放大配皮、前后幅袋口贴复啤格

箱包中的某些部件需要整体加衬托料，虽然托料大小和被托物料大小相等，但粘贴好后大多数情况下会有错位情况的发生，所以行业中就形成了这样一种规则：针对像耳仔、手挽等需要整体加衬托料的部件，都会先制作比其正格大一圈的放大格，粘贴好被托物料和托料，比照复啤格再次进行裁切，这样就能保证被托物料和托料的大小完全吻合。

接着从前后幅连底围及侧围正格上分解出前后幅主料，上、下机缝工艺为搭车，左、右机缝工艺为车反，此部分的纸格包含了使用立体制板制作的褶皱Ⓐ的部分，同时需要制作出褶皱Ⓐ所使用的 150g 非织造布托料，正反开料各四件，如图 5-38 所示。

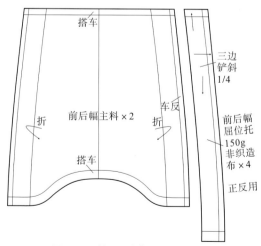

图 5-38　前后幅主料、前后幅屈位

制作出前后幅的主料后，可以借由前后幅主料的底面弧线得出底围配皮的弧度和尺寸。由于袋底的配皮在制作完成后会有一个屈位（弯折的部分），此处的皮料需要使用特殊的铲皮方法，所以需要另外制作一块坑位铲法正格（即坑位正格），如图5-39所示。

制作完底围配皮正格后需要继续制作底围复啤格，底围托落位格的作用在于确定底围托料最后安放的位置，而此款包的底围托料只需要衬在袋底中心的位置，如图5-40所示。

再从前后幅连底围及侧围正格上分解出前后幅主料的左、右侧部分，此部分纸格包含了使用立体制板制作的褶皱Ⓑ的部分及整个侧围的展开部分。制板师将褶皱Ⓑ的前、后部分连接在一起作为一个整体，不同于立体制板时将前、后分开制作。另外，还需要做出侧围袋口托，如图5-41所示。

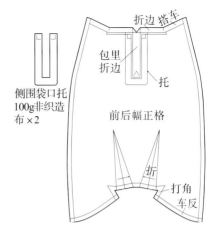

图5-41　前后幅正格

此时可根据前后幅连底围及侧围正格上耳仔的定位，继续制作耳仔和手挽的纸格。由于耳仔和手挽都是整体加衬托料，所以两者都需要复啤格，手挽两头还需要加托格子锦纶，如图5-42、图5-43所示。

完成耳仔和手挽之后，再次在前后幅连底围及

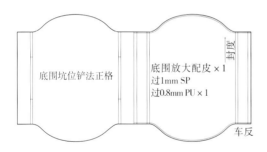

图5-39　底围坑位铲法正格、底围放大配皮

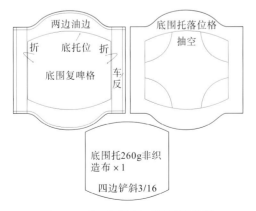

图5-40　底围复啤格、底围托落位格

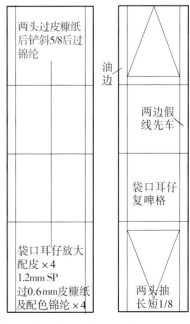

图5-42　袋口耳仔放大配皮、袋口耳仔复啤格

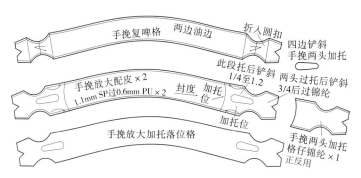

图5-43　手挽复啤格、手挽放大配皮、手挽放大加托落位格

侧围正格上制作前后幅内里正格，如图5-44所示。

有了前后内里正格就可以继续制作袋口内贴的部分。前后内贴仍然需要制作复啤格，复啤格上需要标注磁纽公位（磁纽分公母是一种形象的说法，特指一对上下扣合的磁纽）的位置，顶边及左、右两侧的机缝工艺为折边，底边为油边，如图5-45所示。

图5-44　前后内里正格

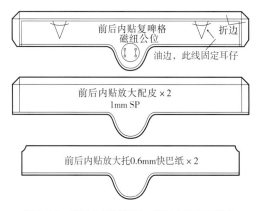

图5-45　前后内贴复啤格、前后内贴放大配皮

制作完前后内贴，继续在前后内里正格的基础上分解里布的纸格，如图5-46所示。

由于此款包的空间较大，所以制板师在制作纸格时特别设计了中格，以增加包体内部的使用空间，中格面、里正格上需要标注磁纽母位的位置。

中格面、里正格的纸格除去中格面贴复啤格的位置就是中格里布的纸格，中格里布顶边机缝工艺为搭车，三边机缝工艺为车反，如图5-47所示。

图5-46　前后内里

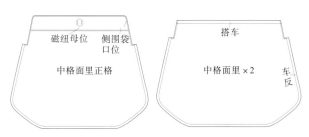

图5-47　中格面里正格、中格面里

依据中格面、里正格，可以制作出中格面贴复啤格，中格面贴两边需要加托格子锦纶，各四件，正反开料，如图5-48所示。

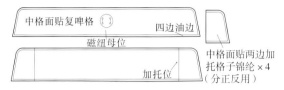

图5-48　中格面贴复啤格

除了中格里布，还需要制作中格内里和中格内里的托料，中格内里托料只需要加托在中格内里上半部分，如图5-49所示。

最后还需要制作出中格拉链正格，如图5-50所示。

依据制作完的所有纸格制作出包体的坯布样品，以验证纸格的正确性，如图5-51所示。

图5-49　中格内里

图5-50　中格拉链正格

图5-51　用白坯布制作样品以验证制板的准确性

案例小结

1. 使用平面制板依赖于制板师丰富的空间结构经验，更注重对物料的经济适用，但操作步骤相对繁复；而使用立体制板则要基于1∶1的包体模型，虽然制板过程直观便捷，但制作包体模型相对也会花去更多时间，两者各有所长，相辅相成。

2. 根据每一款包型都可以制订相应的制板方案，立体制板的方法具有自己独特的优势，但也由于对白坯布等耗材消耗较大，所以只适合于局部制作。另外需要注意，并不是所有包型都适合采用立体制板，在面对较为复杂且不易看清的某些局部结构时较适合使用立体制板，但其他部分仍建议使用平面制板，将两者有机结合效果会更好。

3. 立体制板和平面制板所使用的尺寸、比例应严格吻合，以免后期制作出现误差。

4. 在进行平面制板的时候，可采取的步骤顺序有很多种方案，但一般情况下都是先制作箱包的正格，再进行分解，并且每一个步骤都应该依据之前立体制板所制作的纸格来得出，这样尺寸和形状可以相互参考且不易产生误差。

课后实践

1. 设计3~5款适合于平面立体结合制板的箱包款式。

2. 依据所设计的款式制作相应的包体模型，先采用立体制板方法解决款式中最难的部分，再使用平面制板制作其余部分，并在所得的纸格基础上，制作出款式的坯布样品。

第六章

箱包制作工艺

课题名称：箱包制作工艺

课题内容：1. 常用机械设备

2. 常用工艺简介及制作流程

3. 箱包制作工艺案例

课题时间：教学/10课时、实践/14课时

教学目的：通过讲解制作箱包所需的各种机械设备和工具，使学生了解其操作和使用方法；

通过讲解制作箱包过程中的分步工艺，使学生掌握针对不同包体部件的工艺方法，

并在此基础上逐渐熟悉制作一个完整箱包的步骤和流程。

教学要求：1. 使学生了解并掌握各种机械设备和工具的特征及操作方法。

2. 使学生熟练掌握箱包制作的各种分步工艺以及完整的制作流程。

课前准备：预习本章内容，并准备所需的小工具和耗材，耗材的选择可多样化，如真皮、人

造革和纺织品等。

　　本章主要讲解制作箱包的工艺技术的重点和基本流程。如何将设计创意变成最终的成品，这是箱包设计师必须经过的学习过程，工艺流程的初学阶段看起来也许难以掌握，而且在实际生产中，大多数时候并不需要设计师从头至尾制作一件完整的成品，但了解了箱包生产的工艺流程，有助于设计师在设计过程中能够针对现有的材料进行有效设计，同时也避免了某些工艺在现有材料上无法实现的问题。

　　在开始一个完整的箱包制作过程之前，进行一些分阶段的练习是有必要的。这些分步的技法包括开料工艺、台面工艺、机缝工艺和制作工艺，对这些技法进行由浅入深、循序渐进的练习有助于设计师对塑造完整的包体结构建立更加全面的认识。

第一节　常用机械设备

在制作箱包的前期流程里，包含有裁床、裁断机和大铲机等较大型的设备，这些设备主要是箱包制作工厂进行大批量生产的时候使用。这里着重介绍适合于独立工作室和小型作坊使用的较小型的设备，这些设备易于设计师及其团队操作使用，方便快捷，同时价格也相对便宜，节约制作成本。

一、小型设备

（一）悬臂式液压裁断机/刀模

裁断机主要分为机械式和液压式两种，其中悬臂式液压裁断机是我国皮革行业裁断设备更新换代后的主要品种之一，如图6-1所示。小型悬臂式液压裁断机也称为"摇头机"和"啤机"，其功能和大型裁床相似，只是体积较小，适合工厂板房进行样品开发或小批量生产的时候使用，工作时搭配相应的刀模进行开料，如图6-2所示。有经济条件的独立工作室和小型作坊可以购买这一设备，当然也可以使用手工开料

的方法来代替，只是裁出物料的边缘不如使用开料机来得精细平滑，也会耗费更多时间。

刀模是使用带钢按照成品部件边缘轮廓弯曲形成的带刀刃的"模板"，配合裁断机的压力，可以在皮革上裁切出与刀模形状一致的皮料部件。裁断机在工作时，除了刀模还需要使用砧板以保护刀模的刀刃，这些都是配套的专业设备，需要在专业供货商处购得或订制。

（二）铲皮机

铲皮机的作用是削薄皮料的厚度，使其在折边或机缝之后不在表面凸显痕迹，削薄后的皮料也更容易黏合。铲皮机由送料部件和片料部件组成，皮料经过上下辊的传送，在出料方向受到刀口的挤压被剥离为上下两层，如图6-3所示。铲皮机分为小铲机和大铲机两种，小型铲皮机只适用于开料完成后的箱包某些部件边缘的削薄，而如果需要整体削薄大张原料皮或较大的部件，则需要使用大型的铲皮机设备。

图6-1　悬臂式液压裁断机

图6-2　刀模

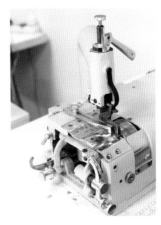

图6-3　铲皮机

（三）脚踏折边机/手工折边机

纺织材料的折边可采用熨烫的方式来进行，而皮料的折边一般用折边机来进行，将涂好胶水的皮料部分放置于折边机台面与铁块之间的位置，通过踩动踏板使铁块翻转至台面位置，两者之间产生的压力使得皮料沿直线进行翻折，如图6-4所示。采用这种设备比使用手工方法所折的边更加平顺整齐，操作十分简便。手工折边机则是采用手动的方式按压折边机手柄，使边缘的铁块翻转将皮边折压，适用于面积更小的皮料或某些部位，价格相较脚踏折边机也更便宜，如图6-5所示。

图6-4　脚踏折边机

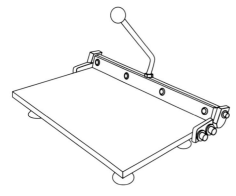

图6-5　手工折边机

（四）打钉机

打钉机主要用于将五金饰件，如鸡眼、铆钉等钉入皮革，并通过冲击力使饰件的上下两部分咬合到一起，冲压时需要配合不同直径的冲孔凿以适于不同尺寸的五金饰件，如图6-6所示。

图6-6　打钉机

（五）手工烫压机

手工烫压机通过手扶压杆带动液压装置将金属模具上的花纹或字样压制到皮革表面，使其形成凹凸状的纹理，也可以同时辅以加热的方式在压印的同时制作烫金和烫银的效果。小型烫压机制作的花纹面积有限，比较适用于Logo等小型图样的烫印，如图6-7所示。

图6-7　烫压机

（六）平车

平车是高速平缝机的简称，在箱包制造领域，平车主要用于纺织品的机缝工艺，如棉、麻和锦纶等材质，如图6-8所示。为了检验样品材料和工艺的合理性，箱包设计师和制板师都应具备一定水平的平车操作能力，在使用平车之前，需要进行一些平车基本常识的学习。

图6-8　高速电动平缝机

（七）高车

高车主要用于箱包立体部件的缝合，例如埋反、包边和手挽的制作，也适合厚料的机缝，使用平车不易缝合的某些立体部位，借助高车可以轻松地实现，如图6-9所示。由于高机缝纫主要靠悬空的车头部分，在缝合材料时只能借助双手掌控材料在车针下的进退和转向，所以在操作过程中，要特别注意手势的运用。

图6-9　高车

（八）同步车

同步车也叫作"DY车"，主要用于缝纫较厚的物料，特别是皮革材料，如图6-10所示。同步车分为二同步和三同步两种，二同步缝纫机主要依靠大压脚和送布牙同时传送材料；三同步缝纫机则依靠小压脚、送布牙和机针同时传送材料，三同步缝纫机的速度较之二同步缝纫机更快，缝制的材料也更加平整。

平车、高车和同步车三者的操作原理基本一致，只是在某些方面，如面线、底线的穿法有所不同，高车和同步车的练习可以参考平车的练习方法来进行，还可以积累一些排除简易故障的知识，通常这些知识都可以在购买缝纫机时附带的说明书上找到。

图6-10　同步车

——链接：机缝练习

1. 直线练习

初期的练习可以在坯布上画好直线作为参考，或以坯布上的布纹作为参考，这时的练习可以不穿线使用空针练习，直到能够控制空针打好一条直线的痕迹，再穿上线以检验练习效果。

2. 停顿练习

缝纫的过程需要精确控制，机车运转的快慢和停顿主要依靠脚踩踏板来实现。在坯布上画出若干不等距的平行线，使用空针练习，从某一条直线开始，通过脚对踏板的控制，使车针精确地停止在下一条线上。这个练习过程可能会耗费若干小时，并需要在制作过程中反复实践。

3. "Z"字形线迹和"弓"字形线迹练习

这两个练习实际上是对停顿练习的升级，依照图中所示，"Z"字形线的练习需要预先在坯布上画好参照痕迹，在两条平行线之间进行线迹的缝纫，并使转折的尖角刚好停留在直线上，如图6-11所示；"弓"字形线的练习不需要预先在坯布上画出参照痕迹，直接以布纹作为参考即可，整个布面以一条线缝纫完成，在接近坯布边缘时做停顿，以车针为轴点将坯布旋转90°再继续缝纫，转折的线之间均是直角的状态，如图6-12所示。

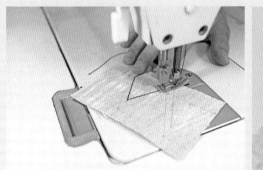 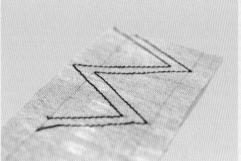

图6-11 "Z"字形线迹

 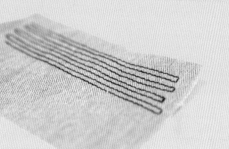

图6-12 "弓"字形线迹

4. 异形线迹练习

虽然现在电脑平缝机（电脑车）已经可以替代人工缝纫出大量复杂而精致的异形图案，但掌握这一技巧对于设计师来说也是大有益处的。首先可以不借助任何参考，在坯布上缝纫任意的曲线，要求曲线平滑，转折自然，再接着进行椭圆形和正圆形的机缝练习。

平车、高车和同步车在操作方法上基本一致，练习时要特别注意手脚的配合。机缝时，双手扶住物料的左右两侧，随机车牙齿的运行从下至上平稳地推送物料，当右手需要按住倒车档时，左手也不可松开。左脚放于脚踏板之上，踩踏踏板靠下的部位可以控制刹车，踩踏踏板靠上的部位则可控制机车的运行。踩踏板时，均匀用力可使机针快速地上下缝合，适合于长直线条；用点踩的方式可使机针一针一针较慢地上下缝合，适合曲线或需要转角的线条。

二、机缝工具及耗材

（一）车针/压脚/梭芯、梭套

车针、压脚和梭芯、梭套都是使用各种缝纫机时必备的配套工具，如图6-13所示。

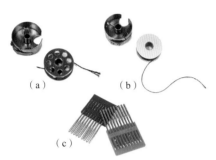

图6-13 同步车梭芯、梭套（a）、平车梭芯、梭套（b）、车针（c）

1. 车针

平车一般配备的车针有刀针和圆针两种，型号有14#、15#、16#、18#、19#、20#、21#和23#等，使用30#锦纶线配18#车针，使用9股锦纶线配20#、21#车针，使用20#锦纶线配22#、23#车针；高车的车针也有刀针和圆针两种，型号一般比平车的车针更粗，有18#、19#、20#、21#、22#和23#等，使用30#锦纶线配18#车针，使用9股锦纶线配20#、21#车针，使用12股锦纶线则配22#、23#车针；同步车使用40#、60#锦纶线，配14#、16#、18#和20#车针。

2. 梭芯、梭套

针对平车、高车和同步车配有不同的梭芯、梭套，使用的时候要注意区分以免损坏机器，不同缝纫机的梭芯、梭套也有不同的绕线方式，使用时务必遵循规则，否则在机缝的时候容易发生故障。

3. 压脚

（1）平车压脚：材质一般有塑料压脚和金属压脚两种，塑料压脚压力更小，具有弹性，适用于缝纫光滑的材料，但总体说来两者区别并不大。从类型上来说，平车压脚有平压脚、高低压脚、单边压脚、牙签压脚、埋袋压脚和拉骨压脚等。

平压脚主要用于缝纫里布、埋反的暗线，宽度是 $\frac{7}{16}$ 英寸，如图6-14所示。

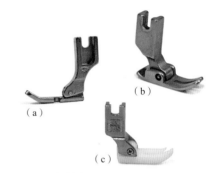

图6-14 平车单边压脚（a）、平车平压脚（b）、平车塑料平压脚（c）

（2）高车压脚：材质主要是金属，有宽压脚、细压脚和高车埋袋压脚等几种。

①宽压脚：高车包边的时候可以使用宽压脚，它的宽度是 $\frac{9}{16}$ 英寸，缝纫好的线距是 $\frac{3}{16}$ 英寸。

②细压脚：高车缝纫面线的时候可以使用细压脚，它的宽度是 $\frac{7}{16}$ 英寸，缝纫好的线距是 $\frac{3}{16}$ 英寸，如图6-15所示。

③高车埋袋（又称拉骨压脚）：高车在进行埋袋和拉骨工艺时可以使用同一压脚，高车埋袋压脚宽度是 $\frac{9}{16}$ 英寸，缝纫好的边距一般是 $\frac{3}{16}$ 英寸；如果是制作拉骨工艺，则宽度一般是 $\frac{1}{4}$ 英寸，如图6-16所示。

（3）同步车压脚：同步车压脚通常两个为一组，总尺寸为：长 $\frac{13}{16}$ 英寸，宽 $\frac{1}{4}$ 英寸，如图6-17所示。

图6-15　高车宽、细压脚

图6-16　高车埋袋/拉骨压脚

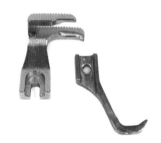

图6-17　同步车宽、细压脚

（二）纱剪/锥子

纱剪主要用于完成机缝后剪断线及线头，也可以在拆线的时候使用；锥子在缝纫中的主要作用是帮助推送布料或皮料，以使最后的缝纫效果更加平顺整齐，如图6-18所示，锥子也可以作为拆线的工具。

（三）线

如何选择合适的线，对于初学工艺的设计师也应有所了解。一般来说，棉线和锦纶线相比较，前者更细，表面粗糙无光泽或光泽较少；后者较粗，表面有明显的光泽，强度也较前者要高出许多，如图6-18所示。棉线通常用于里布或纺织面料的缝纫，而为了方便起见，在工厂中机缝里布有时也使用较细的60#锦纶线，机缝皮革时则使用较粗的20#和30#锦纶线。

图6-18　纱剪、锥子和各种颜色的锦纶线

（四）包边筒

包边筒主要用于各种缝纫机在包边时使用，使用包边筒进行包边比直接手工包边效率更高，而且包边平顺、线距整齐，如图6-19所示。包边筒一般分为散口、单回口和双回口三种，散口包边筒有$\frac{2}{8}$英寸、$\frac{5}{8}$英寸、$\frac{6}{8}$英寸和$\frac{7}{8}$英寸几种；单回口包边筒有1英寸和$1\frac{1}{2}$英寸两种；双回口包边筒有$1\frac{1}{4}$英寸、$1\frac{9}{16}$英寸和$1\frac{1}{2}$英寸三种。

图6-19　包边筒

三、台面工具及耗材

（一）胶水/刷子

胶水是进行台面工作时的重要耗材，一般有亚么尼亚胶、粉胶、万能胶和强力胶等。

亚么尼亚胶：也称为"白胶"，主要成分是天然橡胶，里面一般加氨水以防止其凝固，除开氨水对人的呼吸道有刺激性外，亚么尼亚胶本身是无毒的，对物料也没有腐蚀性，如果置于胶水盒中的胶体有变干的迹象，可适量加水，但加水后的胶水容易变质。亚么尼亚胶通常放置在专用的胶水盒里，前方有一个尖锥形的盖子，方便使用的时候将刷子一并放于胶水盒中以防变干，如图6-20所示。

粉胶：粉胶比较适合于真皮手袋部件的黏合，易于重新涂抹和清理，但与光滑的物料黏合时牢度不强。

万能胶：也称为"黄胶"，适合于光滑物料和较小部位的黏合，因为其本身质地黏稠，不适用于大面积的涂抹，否则变干后物料正面会留下痕迹，同时也具有一定的腐蚀性，对某些物料并不适合也不易于修改和擦除。万能胶一般是装在带胶嘴的塑料瓶中使用，不用时可在胶嘴处覆盖一小块纸或布，以防变干，如图6-20所示。

强力胶：强力胶黏性强，不易脱落，变干后不会发黄，性能和万能胶相似，但腐蚀性较强，不能用于某些物料，使用前需要甄别。

刷子：涂抹亚么尼亚胶和粉胶时必须使用的工具，一般的鬃毛材质即可，大小尺寸可根据需要涂抹的物料面积自行选择。需要注意的是，使用后的刷子必须及时清理，否则胶水变干后则会附着在刷子上无法再次使用，如图6-20所示。

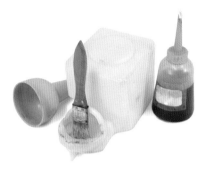

图6-20　亚么尼亚胶、万能胶、刷子

（二）推竹

推竹是一种较为特别的手工工具，一般在市场上不易购得，许多推竹都是工厂或者作坊自行制作的。推竹由竹片或质地坚实致密的木材制成，顶端有一个斜向的凹槽，如图6-21所示，主要用于折圆边或异形边的时候使用。使用推竹折边的物料，其背面形成的褶皱细腻工整，不影响正面物料的效果。

图6-21　推竹

（三）胶锤

胶锤顶端两边分别是两块硬度不同的胶块，如图6-22所示。使用胶锤敲打黏合好的部件，使得物料的黏合更加紧实，同时胶块的质地和弹性也不易使被敲打的物料产生损伤。

图6-22　胶锤

（四）电烙铁

电烙铁是用于替代烫边机的一种工具，工厂生产流水线上使用较多的是烫边机，而设计师的独立工作室或手工作坊可以购买电烙铁来替代，如图6-23所示。通常皮革物料的边缘经过开料后都会有一些毛糙，使用电烙铁进行烫边的工序可以使部件边缘平滑，易于后续的油边工作。

油边盒由塑料制成，也有金属材质的，后者比前者更为稳固，适用于较大或较长部件的油边。油边盒带有可滚动的滚轴，滚轴上的凹槽在转动时可将盒底的皮边油带至滚轴表面，操作时可在滚轴前方的盒边上下两侧粘贴一条胶带或绑一条橡皮筋，以刮去多余的皮边油，避免油量过多影响油边效果，如图6-24所示。

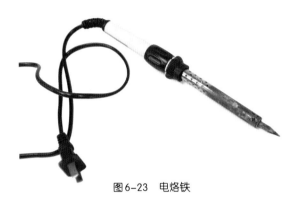

图6-23　电烙铁

图6-24　皮边油、油边盒

（五）皮边油/油边盒

油边是处理箱包部件边缘的重要装饰手法，皮边油是"皮革涂饰剂"的简称，是一种有色的半液态涂料，其主要成分是树脂，涂抹成型后可耐−25～90℃的温度。皮边油成品有多种色彩，常用的是黑色、白色、棕色和蓝色等，也可根据物料本身色彩进行调色，调色原理和颜料类似。另有一种皮边油叫作"封底油"或"填充剂"，封底油呈乳白色，干后成为透明状，一般在正式油边之前都需要打上封底油，这样做主要是为了填补物料边缘不平整的地方。

（六）砂纸

砂纸是用于替代打磨机的一种耗材，可以购买较细的砂纸对物料边缘进行打磨使其光滑平整，如图6-25所示。

图6-25　砂纸

第二节　常用工艺简介及制作流程

一、开料工艺技法

　　开料是进行工艺流程的首要准备工作。除了使用机械开料之外，手工开料也是常用的方法，适合于样品或小批量制作。手工开料相较于机械开料更为灵活，特别是针对皮革物料，可以自由选择不同的部位，避开瑕疵的同时也可以节省物料。虽然手工开料具有灵活性，但在正式开料之前也要对物料进行选择和甄别。

　　使用皮革材料时，需要事先在整张原皮上进行区域的划分，光滑无瑕疵的可用于开前后幅、盖头和横头等部件，余下较好的区域可用于开盖底、袋底和手挽等部件，前两个部分选之后的无瑕疵区域可用于开耳仔、利仔等部件。如果皮革表面没有明显色差或瑕疵，则每一块开出的料都应尽可能紧贴前一块开出的料的边缘，这样可以节约皮料的使用；使用纺织品材料时，需要按纸格上的经纬度标示分出纹路，按直纹、横纹或是斜纹来开料，开托料时也是如此。另外，在开料之前应准备好锋利的刀片或磨出锋利的刀口，以使刀片能够一次性切断物料及物料的丝线。

　　开料时要将制作好的纸格平铺于皮革或布料之上，注意放置于布料之上时，纸格的垂直中线和布料的经线重合，并用一只手将纸格按压在材料上。如果材料表面过于光滑，可以使用双面胶将纸格粘贴于材料上，另一只手持介刀沿纸格边缘进行切割，刀面垂直于材料表面，刀口与台面保持

30°~40°，持续而均匀地用力，并且注意不要切破纸格，如图6-26所示。经过反复开料的纸格可能会发生断裂，可以使用双面胶均匀地粘贴在纸格表面，并留下十字刀的位置以便折叠，这样可以延长纸格的使用寿命。

图6-26　手工开料

二、铲皮工艺技法

使用皮革材料或一些较厚的复合材料需要进行铲皮的工作，以便这些部位进行后续的胶水、折边和包边等工序。这里主要介绍小铲机铲皮的相关技法，铲皮机的操作对于初学者来讲有一定难度，铲皮刀与胶轮之间的距离直接决定铲出后的物料的厚度，这个距离可以通过机头上的升降旋钮进行调节，但通常变化范围也只在几微米之间，所以需要另备一把游标卡尺来测量需要铲出的物料厚度。

铲皮前将裁片放入压脚下，通过脚踩的方式控制速度和停顿，脚踩的同时用两只手握好材料的两端，在铲皮刀和胶轮的带动下，将材料平顺地由左向右拉动，如图6-27所示。如果拉动过程中出现停顿或抖动，则容易造成铲皮厚度不均甚至破损的现象。在正式铲皮之前，应先用和裁片材质一样的废料或边角料进行试铲，以验证铲出厚度，铲皮最终效果如图6-28所示。

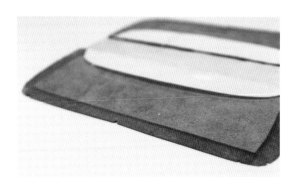

图6-28　铲皮后的效果

三、台面工艺技法

（一）胶水

在刷胶之前，首先要搞清楚物料种类与胶水种类的匹配性。亚么尼亚胶可用于皮革与皮革之间的黏合，也可用于皮革与纺织品、托料之间的黏合；粉胶适合纺织品之间的黏合；万能胶适合质地较密不易渗透的物料之间的黏合；强力胶适合PVC等硬质托料之间的黏合；还有一种A胶，也叫做红胶，一般用其将线头点入针孔内以使线头不外露。

使用亚么尼亚胶（白胶）涂抹物料时，需要将刷子蘸满胶水，在瓶口将多余的胶水刮去并使刷毛保持平整，将胶水均匀涂抹到物料表面。由于亚么尼亚胶质地较稀，渗透力较万能胶更强，涂抹时不要在某个地方重复多次，否则胶水容易渗透并污染

图6-27　使用铲皮机

纺织品等物料的表面，如图6-29（a）所示。使用亚么尼亚胶还可以使用喷胶的方法，喷胶可使胶水在物料背面分布得十分均匀，但需要专门的喷胶设备。万能胶由于本身黏稠易干的特性，通常被放置于较小的带胶嘴的塑料瓶中，操作的时候将物料平放，一只手将物料扶稳，另一只手捏住塑料瓶身适当用力使万能胶沿胶管流出，同时用胶嘴将流出的胶水均匀涂抹于物料边缘。注意不要过于用力挤压瓶身，否则溢出的胶水不易涂抹均匀，也容易污染物料的其他部位，如图6-29（b）所示。

万能胶和亚么尼亚胶涂抹完之后，一般需要等待5~15分钟，直到胶水呈半干状态时方能获得最牢固的粘贴效果。等待时间视季节温度而定，夏天等待时间较短，冬天则可能需要更长时间。

胶水除了用在台面工艺中，有时也在机缝流程中用于车好部件的黏合或是车反分粘等工艺。胶水工艺在埋反工艺之后、机缝工艺之前，起到承上启下的作用，除机缝工艺之外，胶水工艺也对箱包整体工艺的精致程度起到至关重要的作用。

（二）折边

折边通常在胶水之后进行，前文已经介绍过使用脚踏或手工折边机折边的方法，使用机械通常都是折直线边，针对曲线边可使用手工进行折边。折边之前需要先刷胶，注意翻折的物料边缘必须保持平均的宽度，通常刷胶的宽度需要是折边本身宽度两倍再减 $\frac{1}{16}$ 英寸左右。翻折的同时用手指按压已折过的部分，折边的部分与物料背面黏合好之后，最好再使用胶锤敲打使其更为平整，如图6-30所示。

（a）涂抹亚么尼亚胶

（b）涂抹万能胶

图6-29　涂抹胶水

图6-30　手工折直线边

针对曲线边还可以使用推竹来辅助手工折边，将推竹的凹槽卡住需要折边的边缘，均匀地推压，注意推压过程中一定要使折边边缘平顺、宽窄均匀。在推曲线边或圆角时，应避免出现超出折边线的褶皱和尖角等瑕疵，如图6-31所示。

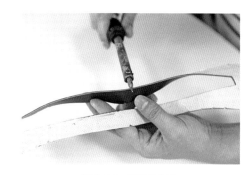

图6-32　电烙铁烫边

图6-31　使用推竹折边

图6-33　砂纸磨边

（三）烫边/磨边

在大型的箱包制作工厂中，一般使用烫边机进行烫边工作，而在小型箱包作坊或独立工作室中则可以用电烙铁来代替，两者的工作原理相似。使用电烙铁进行烫边时，首先需要控制好温度，根据不同物料的特性调整不同的温度，可以准备一些废弃物料以测试温度是否合适。操作时要将电烙铁横握，使物料边缘垂直接触于电烙铁表面并匀速移动，注意避免高温损伤除毛边外的其他部位，如图6-32所示。

磨边除了使用磨边机之外，也可以用砂纸来替代。打磨可以在烫边后进行，也可以在油边后进行，打磨皮边油时可先将砂纸蘸水，这样打磨时就不会产生粉尘，并可使皮边油更加光亮，如图6-33所示。

（四）油边

油边指为了使部件边缘不外露而直接在部件边缘横截面处用皮边油涂覆的一种工艺。皮边油通常在带有滚轴的油边盒中使用，滚轴上的凹槽可以使皮边油均匀地涂饰到物料边缘上。某些异形或较小的部件无法在油边盒上操作，可手工使用锥子挑出皮边油进行涂饰，但完成后的表面不易平整，必须借助多次打磨和反复的涂饰，如图6-34（a）所示。

油边的工艺较为复杂，操作的时候将物料边缘垂直于滚轮放置，由左至右经过滚轮表面，使皮边油涂抹至物料边缘的横截面上，如图6-34（b）所示。第一次油边后大约需要30分钟才能干透，然后使用打磨机器或砂纸将物料横截面打磨光滑再进行第二次油边，第二次油边需要至少40分钟才能干透，再次打磨后进行第三次油边，第三次油边也需要至少40分钟才能干透。在不同的气候条件和室内温度的情况下，干透的时间会略有不同。如果操作时不慎将皮边油污染到物料的其他部位，在其没有干透的情况下，可以用清水直接擦除。

完成油边后的部件需要垂直放置，等一侧的皮边油干透后再进行另一侧的油边，如图6-34（c）所示，也可使用吊架将油边后的部件悬挂晾干。吊架可自行制作，安装上夹子使部件悬空即可，使用吊架的优势在于能使未干的皮边油沿边缘缓慢流动，达到平整的效果。

（a）

（b）

（c）

图6-34 手工油边
使用锥子可进行小部件或异形边缘的油边，油边后的部件需要垂直放置于平台上。

（五）打五金

箱包五金的种类很多，环扣类五金一般夹在物料翻折处，通过机缝来固定，如耳仔和手挽等。而其他一些装饰性或功能性的五金，如鸡眼、撞钉、脚钉、磁纽和五金唛等则需要使用打钉机或手工方法来打钉。

手工打钉需要先在物料上用尺寸合适的冲凿模具凿出准确的孔位，扭锁、磁纽等五金通常会在其底部加上托料以加固。完成这一步骤后再把五金的扣合部分分别置于孔位的上下两方，再用铁锤敲打成型，如图6-35所示。注意，敲打时要垂直用力，避免五金在敲打时发生歪斜，也不能用力过猛，如果敲坏五金部件使其开裂，可能会导致物料被刮坏或在长时间的使用过程中生锈。完成定型后通常需要贴纸保护好五金的表面，以防在后续制作流程中产生刮痕和磨损。

图6-35 手工打五金以及各种不同型号的冲凿

四、机缝工艺

（一）车反（暗线/明线）

车反的类型大体上分为两种。一种是面对面车反，即将两块物料正面相对，边缘对齐，在物料反面距离边缘 $\frac{1}{4}$ 英寸的位置机缝一条平行于边缘的直线，使用这样的方法车出来的是暗线，即这条线在物料表面是无法看到的，如图6-36所示；另一种是背对背车反，即将两块物料反面相对，按相同方法在正面机缝直线，采用这种方法机缝出来的线通常作为装饰线而显露在外。在现代箱包流水线制作过程中，一些表面有大量明线装饰的部分都使用电脑车进行车线，电脑车速度快，车出的线迹平整美观，

搭在另一块物料边缘进行机缝，一种是一块物料折边后搭在另一块物料边缘，搭位处可刷胶水也可不刷，如图6-37、图6-38所示。

图6-37　折边搭车背面效果

图6-36　车反背面效果

图6-38　折边搭车正面效果

是人工车线在相同操作时间内难以媲美的。

车反延伸出的工艺还有折边搭车、车反襟线、打角、打褶、搭位和拼缝等。

1. 折边搭车

先将物料按折边位翻折，再进行机缝，也可以刷胶水后再机缝，不刷胶水直接机缝的叫作"飞边"；而搭位工艺有两种情况，一种是一块物料直接

2. 车反襟线

在面对面车反完物料之后，有时会使用胶水将车反位分别粘到两侧，使其紧贴物料反面，这样物料的表面会更加平整。无论针对皮革还是纺织品都可以采用车反襟线的方式，在分缝的物料上再压两条直线，使其平整的同时也起到装饰作用，如图6-39所示。

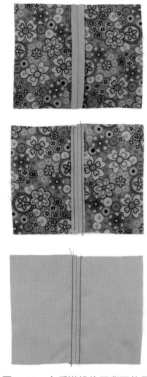

图6-39　车反襟线的正背面效果

3. 打角

在平面及立体制板中已经讲过打角的方法及作用，使用车反方式将角位两边缝合，即可呈立体效果，如图6-40所示。

图6-40　打角流程及成型效果

4. 打褶

打褶有三种不同的技法，第一种是按牙位将物料往某个方向折叠，再按机缝边进行缝合，如图6-41（a）所示；第二种是借助弹力橡筋，在机缝过程中将橡筋拉长，机缝于物料背面，完成后物料正面形成皱缩，如图6-41（b）、（c）所示；第三种是将机车面线调到最松的档位车一条线，拉动面线的两端，物料自然产生皱缩，如图6-41（d）所示。

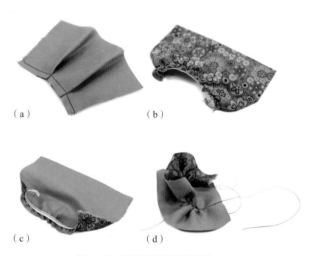

（a）　　　　　　　　　　（b）

（c）　　　　　　　　　　（d）

图6-41　三种不同的打褶方法

5. 拼缝

拼缝指将两块物料平行地拼合在一起（物料边缘可以不做处理，也可以先进行折边），然后用人字车直接缝"人字线"，也可以在两块物料下方垫一块底料，再在物料边缘车线使其平行拼合，如图6-42所示。这种工艺的有趣之处在于拼缝后的物料随着使用中的运动，其衬底的物料会随之若隐若现，采用这种工艺可采用与面料色彩、花型或质地不同的底料。

图6-42 拼缝正、背面及翻折效果

（二）埋反

埋反也叫作"埋袋"，指将物料带有曲线边缘的部件和带有直线边缘的部件缝合在一起，埋反完成后，两个部件之间会形成一个立体空间，这种方法常用于袋底、底围和前后幅、大身的缝合过程，如图6-43所示。

图6-43 埋反可塑造立体的包体空间

（三）包边

包边，指用长条状的物料将散口的物料边缘包裹起来，如图6-44所示。包边的应用范围非常广泛，各种袋口及各种部件的边缘等，都可以使用包边来进行装饰或固定。在工厂流水线上，包边条一般由专用的裁条机裁制。制作单个或少量的样品时，一般直接使用介刀和钢尺在物料上开条。开条的时候需注意物料的经纬度，由皮革开出的条需要铲皮削减厚度，使其在包边过程中更容易缝制。在制作

一些运动休闲款式的箱包时，也常用织带进行包边，如图6-45所示。

图6-44 使用包边筒包边

图6-45 包边使用的织带

（四）包骨/埋骨

包骨，指用长条状的物料包裹骨芯。骨芯截面通常是圆形，分为各种不同的粗细型号，包8#骨芯通常使用宽1英寸的条状物料，包10#、12#骨芯通常使用宽$\frac{7}{8}$英寸的条状物料，包13#骨芯通常使用宽$\frac{3}{4}$英寸的条状物料。

埋骨，指将包好的骨芯在车反或埋反过程中将其夹在两块物料之间的一种工艺。包骨、埋骨工艺都能使机缝后的部件更有立体感，并且物料之间的机缝线不易外露，如图6-46所示。

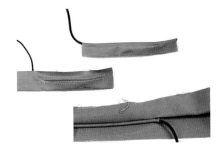

图6-46 包骨、埋骨工艺流程

五、制作工艺

（一）拉链窗/吊里

拉链窗是兼具实用和装饰的一种常用部件。有些箱包不使用拉链窗，而是直接将拉链缝纫在袋口或两个部件边缘之间，而使用拉链窗则能起到更好的装饰作用。除袋口部位的拉链外，有很多拉链都是附带拉链窗一起制作的。从前面的平面制板案例中可以了解到，最常用的5#拉链的宽度通常是$\frac{1}{2}$英寸，而拉链窗两边的宽度各是$\frac{1}{4}$英寸，这样总宽度就在1英寸左右，一般不需要特殊设计的带5#拉链的拉链窗净尺寸都是这个宽度。

拉链窗做法1

①这种做法需要先制作好拉链窗贴。使用拉链窗贴纸格分别裁出物料和托料，并将两者用万能胶粘贴，如图6-47（a）所示。

②将后幅内里上裁切出一个比拉链窗贴偷空位四边各大$\frac{1}{8}$英寸左右的偷空位，这样做是为了让内里偷空位的边不外露，如图6-47（b）所示。

③将拉链窗贴粘贴于内里偷空位之上，注意两个偷空位的中线必须对齐，然后将拉链窗贴外圈车好装饰线备用，如图6-47（c）所示。

④接着将拉链的上、下两条分别与后幅吊里上、下两端进行粘贴，如图6-47（d）所示。

⑤将拉链与拉链窗贴对齐，开始车拉链窗贴的内圈线。这里需要非常注意，由于后幅吊里是一整件，机缝时需要先车拉链窗贴内圈的左、右侧和顶边，车针打到图中白线的尽头处停止，如图6-48（a）所示。

⑥缝纫时，将吊袋里布拨向下方，如图6-48（b）所示。

⑦再车拉链窗贴内圈的底边，这时将吊袋里布

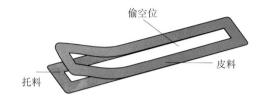

（a）

内里背面

（b）

内里正面

（c）

拉链吊里

（d）

图6-47　拉链窗做法1步骤①~④

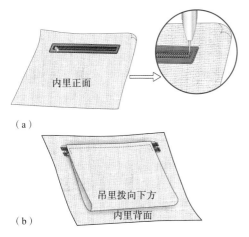

（a）

（b）

图6-48　拉链窗做法1步骤⑤、⑥

拨向上方。将里布拨向上、下两侧是为避免将里布缝死，如图6-49（a）所示。

⑧最后将后幅吊里两侧进行机缝，完成拉链窗贴及吊里的制作，如图6-49（b）所示。

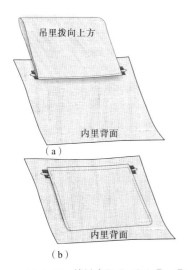

（a）

（b）

图6-49　拉链窗做法1步骤⑦、⑧

拉链窗做法2

①在制作之前，可在物料背面画好参考线，并沿参考线切割"双头Y型线"，即在纸格上标注的"叉刀线"。注意不要将Y型线的顶端切过线，否则

做出的拉链窗在转折处会有破口，如图6-50（a）所示。

②Y型线切口做好之后，沿边线在物料背面涂上万能胶，待胶水半干后，折好边待用，如图6-50（b）所示。

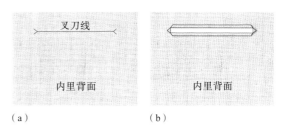

（a）　　　　　　（b）

图6-50　拉链窗做法2步骤①、②

③接下来的制作步骤与做法1相似，先车好拉链和吊里的上下端，再将其与后幅内里相连接，如图6-51（a）～（c）所示。

制作拉链窗，采用第二种做法更为简便，而第一种做法可以使箱包工艺更为精致。

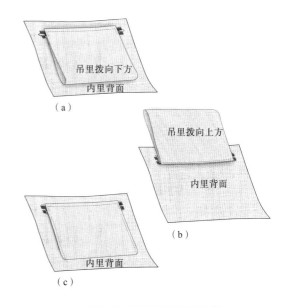

（a）

（b）

（c）

图6-51　拉链窗做法2步骤③

（二）插袋

插袋的制作方法比较简单，为了使物料有一定厚度并挺括有型，需要在物料内托上非织造布等托料，并将物料对折成为一整块料后再行制作。先裁切出制作插袋的物料，并按纸格的标示在正确位置粘贴托料，如图6-52（a）所示。

将物料对折，并将折边位涂上胶水后翻折，这样就得到一块内夹托料的双层物料，如图6-52（b）

所示，再在粘贴好的插袋顶端车明线，如图6-52（c）所示。

最后将插袋正格在前幅内里上定位，并将插袋机缝到前幅内里上。通常插袋分为左右两侧，一侧较为平整，一侧是立体造型。平整的一侧直接机缝即可，立体的一侧则需要将左右两侧的造型拢好后按照正格在前幅内里上的标记来机缝，如图6-52（d）、（e）所示。

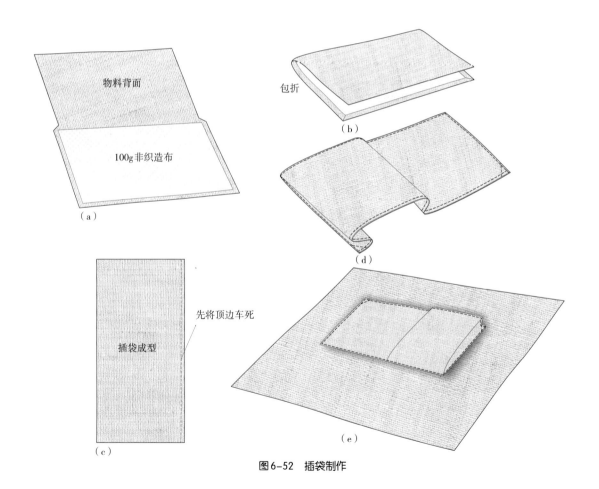

物料背面

100g非织造布

（a）

包折

（b）

先将顶边车死

插袋成型

（c）

（d）

（e）

图6-52　插袋制作

（三）手挽

手挽大致分为两种类型，一种不含棉芯，只黏衬相应的托料，成型后外观扁平；另一种内含棉芯，成型后外观浑圆。第一种做法较为简单，第二种做法需先按照纸格裁切好手挽皮和托料，并将两者进行粘贴。棉芯是一种内含絮状物且外有网层将其包裹的长圆条，可以在辅料市场上购得，将已粘贴好托料的面皮包裹好棉芯，棉芯散开的两端无须处理。将D扣或圆扣穿入，再将Ⓐ、Ⓑ所标示的部分对扣合拢，粘贴后再使用高车或柱车机缝，最后将裸露在外的皮边进行油边，完成后如图6-53所示。

制作手挽的工艺虽不复杂，但对机缝工艺要求极高。由于手挽形体不规则并伴有一定的弧度，最后在四边的合拢处不易进行机缝，通常需要取下后用手工进行最后的缝纫和加固。

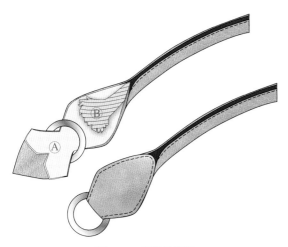

图6-53 手挽的制作

（四）肩带

肩带的做法多种多样，但概括来说都是一层面皮、一层底皮、中间夹一层托料的做法。面皮有时是平整状，有时则托入海绵等材料使其有凹凸感，如图6-54（a）所示。

也有的做法是先将托料两侧切削出棱面，使面皮和底皮粘贴上之后自然呈现出凹凸感，如图6-54（b）所示。

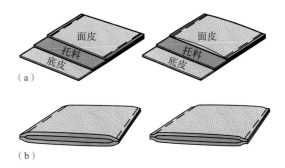

（a）

（b）

图6-54 肩带的层次结构

除横截面上的做法不同外，肩带与五金环扣相连接时还有多种不同的做法。

一种是将粘贴好托料并油好边的肩带穿过环扣，翻折后再车线，并打五金，如图6-55所示。由于翻折的长度较短，这种做法比较省物料，但容易显得粗糙。

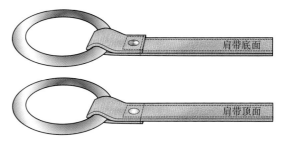

图6-55 肩带做法1

在此基础上，将翻折的长度加倍，即将肩带做成双层，在两侧车线后再打五金，如图6-56所示。这种做法较为耗费物料，但成型后的肩带厚实牢固。

在此基础上还有四折肩带的做法，即将双层肩带穿过五金环扣后再进行对向翻折，使其茬口包裹在内。翻折的茬口有两种做法，一种是翻折后再对碰，另一种是对碰后再翻折，如图6-58所示。

图6-56　肩带做法2

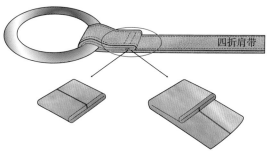

图6-58　肩带做法4

还有一种做法是将裁切好并粘贴好托料的肩带进行三层折叠，穿过五金环扣后再翻折，将裸露在外的茬口进行油边，如图6-57所示。这种做法一般辅以专门的出筒设备进行。

对碰的做法除需要皮糠纸之外，还需要格子锦纶作为第二层托料，面皮宽度是肩带宽度的一倍，将两边翻折后正好可以包裹两层托料，再进行车线，如图6-59所示。

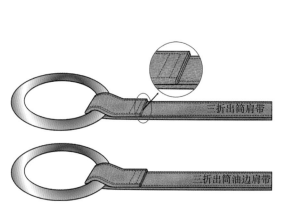

图6-57　肩带做法3

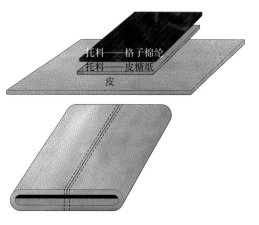

图6-59　对碰做法的肩带结构

（五）小部件

箱包上的一些小部件，如耳仔、拉牌等的制作工艺都基本相似。以耳仔为例，按纸格将耳仔料和托料开好，通常这些小部件不含机缝位，也就是说正格尺寸就是部件的尺寸，由于耳仔起到重要的连接和承重作用，除了托料，通常还需要衬以补强。有些耳仔的做法除了托料和补强之外，还会衬以弯型底皮以加固，如图6-60所示。

而托料的做法，有时只在部件中部，有时则需要衬托部件$\frac{3}{4}$的面积，成型效果如图6-61所示。

在耳仔上打五金连接袋身皮的方式也有多种。第一种是将成型后的耳仔车实线，将五金打穿两层耳仔皮和一层袋身皮，即穿过三层物料，如图6-62（a）所示。

和第一种类似，第二种做法也是先车线，再用五金打穿耳仔皮和袋身皮，如图6-62（b）所示。

第三种做法是先将耳仔两侧中部车线，第一颗铆钉只打穿耳仔皮，第二颗铆钉打穿耳仔皮和袋身皮，最后再加固耳仔口，如图6-62（c）所示。这种做法较前两种更复杂，如果耳仔只使用一颗铆钉固定，这种方法则不适用。

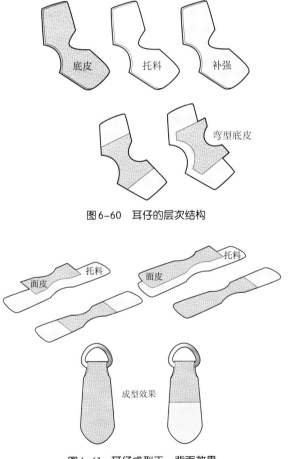

图6-60　耳仔的层次结构

图6-61　耳仔成型正、背面效果

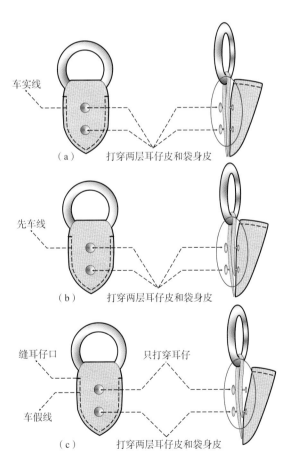

图6-62　耳仔和袋身的几种连接方式

第三节　箱包制作工艺案例

一、公文包的材料及组成部件

公文包的主要功能在于盛装文件、笔记本及电脑等办公用品。此款公文包取材经典邮差包的元素，为方便容纳纸质文件，造型方正，使用较厚的牛皮材料，搭配结实的手挽，包盖辅以利仔装饰，中格有袋盖，为中格和前幅之间间隔出一个独立的容纳空间。

图6-63所示为公文包的裁片主皮和配皮组合平面图，主皮采用棕黄色牛皮，手感硬挺略粗；配皮采用棕褐色牛皮，手感细滑柔软。

图6-64所示为裁片所需的托料部件组合，由于牛皮材质较厚，主皮仅适用少量皮糠纸等托料，配皮部分使用了锦纶等较软的托料，而里布则采用非织造布等轻柔的托料。

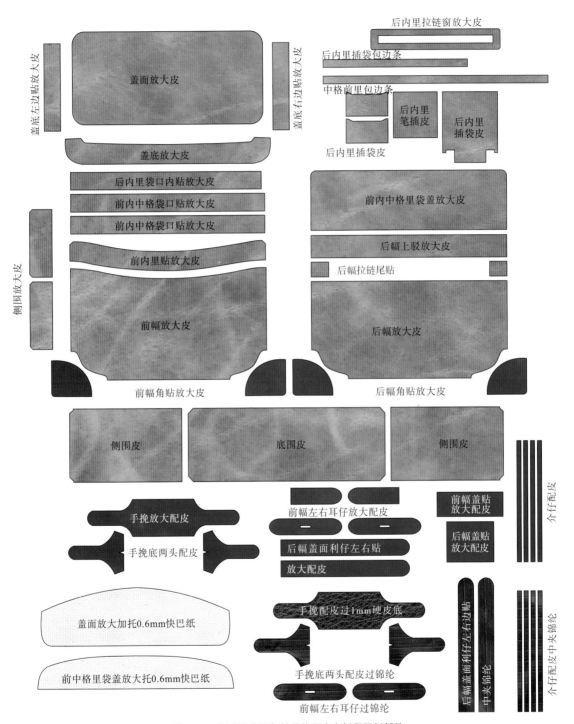

图6-63 组成整个箱包外袋的所有主料和配料部件

图6-64　组成箱包内里的全部部件

二、公文包的制作工艺

将开好料的部件先进行烫边，再进行两次油边，备用（烫边、油边工艺参照本章第二节内容）。首先制作手挽内使用的硬皮底，硬皮底可以使用次等质量的二层皮叠加粘贴3~4层组合而成，而后将其切割出手挽的外轮廓，如图6-65所示。再将硬皮底与手挽放大配皮和手挽底两头配皮粘贴好，除手挽底两头配皮机缝其余部分，并将其整体油边，如图6-66所示。

图6-65　硬皮底正、反面

图6-66　手挽成型效果

将后幅主皮和前内中格里袋盖主皮分别过一件皮糠纸托料，起到加厚主皮和支撑的作用，皮糠纸不需要托整件，只托在需要加固的部位，如图6-67所示。

图6-67　（上）前内中格里袋盖（下）后幅主皮

将盖底放大皮的左右两侧分别与盖底左右边贴放大皮机缝好，并且将机缝位向左右两边分粘，用胶锤敲打锤平，如图6-68所示。

图6-68　盖底

将前幅里布粘贴好前内里贴放大皮，如图6-69
（a）所示；在里布背面使用亚么尼亚胶粘贴同等大
小的75g非织造布，如图6-69（b）所示；折边后
将搭位的部分做车线装饰，如图6-69（c）所示。

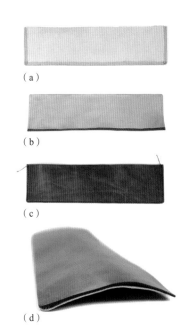

（a）

（b）

（c）

（d）

图6-70　前内中格里袋盖正反面及弯折效果

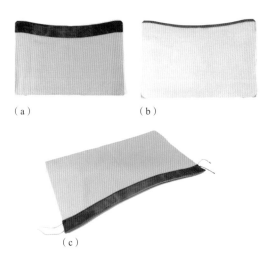

（a）　　　　　　　　　（b）

（c）

图6-69　前幅里布正反面及车线效果

同样，使用亚么尼亚胶将前内里中格袋盖里布托
上100g非织造布并折边，如图6-70（a）所示；再
将其与前内中格里袋盖放大皮黏合，做车线装饰，里
布需要比袋盖短 $\dfrac{3}{16}$ 英寸，如图6-70（b）、（c）所
示。成型后才能形成自然弯折的效果，如图6-70（d）
所示。

将前、后内中格里布托100g非织造布并折边，
如图6-71所示。粘贴已做好的前内中格里袋盖，并
车装饰线，如图6-72所示。

图6-71　前内中格里布

图6-72　前内中格里布连接前内中格里袋盖

再将另一件前内中格里布托100g非织造布并折边，如图6-73（a）所示；然后连接前内中格袋口贴放大皮，待用，如图6-73（b）、（c）所示。

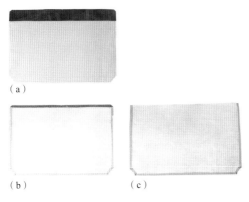

（a）

（b）　　　　　　　　（c）

图6-73　前内中格里连接袋口贴皮

接着，将已经制作好的两部分（图6-73所示部分和图6-74所示部分）用胶水粘贴起来，车明线，待用，如图6-74（a）~（c）所示。

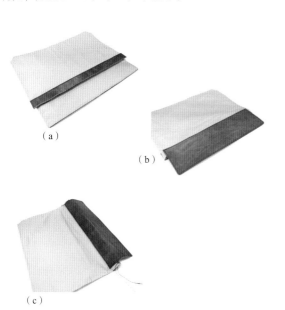

（a）

（b）

（c）

图6-74　前幅里布连接前内中格

接下来按本章第二节中的"拉链窗/吊里"的制作方法制作拉链袋和吊里。首先将后内里里布托75g非织造布，如图6-75所示。

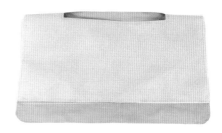

图6-75　后内里里布托非织造布

将后内里拉链窗放大皮粘贴好托料，再将其粘贴至后内里偷空位处，如图6-76所示。

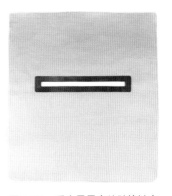

图6-76　后内里里布粘贴拉链窗

将粘贴好的拉链窗外圈车好装饰线待用，如图6-77（a）所示。

将拉链粘贴在后幅吊里的上下两端，再与后幅内里拉链窗粘贴好，并车内圈线，如图6-77（b）所示。

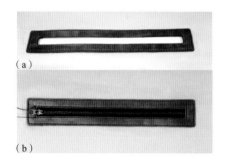

图6-77　后内里拉链窗

车内圈线的时候要注意，在车内圈顶边线时，需要将后幅吊里拨向下方，如图6-78（a）所示。

车内圈底边线时，需要将后幅吊里拨向上方，如图6-78（b）所示。

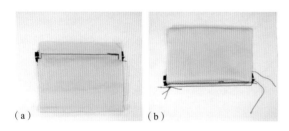

图6-78　后幅吊里

将开好料的后内里插袋托75g非织造布，参照本章第二节中的"插袋"的制作方法进行制作，裁切包边条，铲皮，用胶水分别粘贴至后内里插袋顶边两侧，如图6-79（a）所示。在顶边车明线，并将其机缝到已制作好的后内里表面，如图6-79（b）、（c）所示。

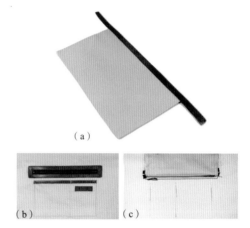

图6-79　制作后内里插袋并将其缝纫在后内里表面

将制作好的盖底放大皮及盖底左右边贴放大皮粘贴到后内里表面，如图6-80（a）所示，注意留出折边位。

将后内里袋口内贴放大皮粘贴至袋盖和后幅交界处，并车明线装饰，如图6-80（b）、（c）所示。

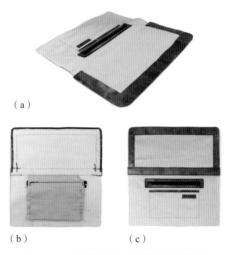

图6-80　盖底连接后内里的正背面效果

将中格前里托100g非织造布并折边待用，如图6-81（a）所示。

制作一件后内里插袋皮、一件后内里立体贴袋及一件后内里笔插皮，将这几个部件机缝于中格前里之上，如图6-81（b）所示。

裁切包边条，铲皮，用胶水分粘至中格前里顶边两侧，车明线，如图6-81（c）所示。

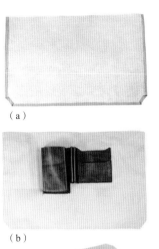

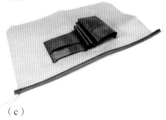

图6-81 制作笔插及贴袋（缝纫至中格前里表面）

将两块侧围里布分别与底围里布的两端连接，并把两块侧围放大皮分别与两块侧围里布顶端相粘贴，在搭位处车明线，如图6-82（a）所示。

侧围放大皮折边，在背面中间段进行剪口处理，这样做是为了下一步连接中格前里减少厚度，如图6-82（b）所示。

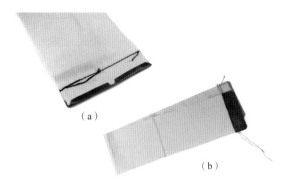

图6-82 侧围里布连接侧围放大皮并修整

将制作好的一整件底围侧围的底边放置在中格前里横中线处，两边分粘并车线，如图6-83（a）~（c）所示。

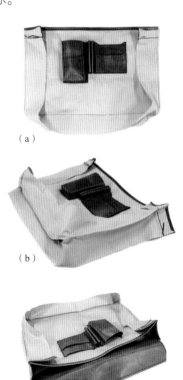

图6-83 中格前里连接侧围

分别将一整件底围侧围的左、右两边与前内里中格和后内（含袋盖）相粘贴，并车线，如图6-84（a）~（d）所示。至此，里布的制作告一段落，通常由于里布上附加了各种拉链、吊里和插袋，所以里布的缝合过程一般先于外袋的缝合。

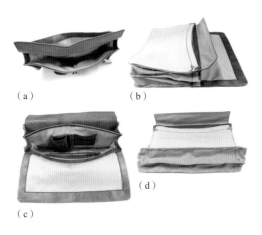

（a）　　　　　　（b）

（c）　　　　　　（d）

图6-84　侧围底围连接前内中格和后内（整个
　　　　包体的内里部分完成）

接下来进行外袋的制作，将已铲过皮、油好边的前、后幅粘贴好角贴，如图6-85（a）所示；然后车装饰明线，如图6-85（b）所示。

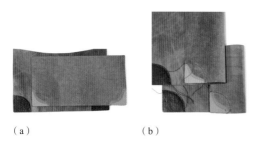

（a）　　　　　　（b）

图6-85　前、后幅粘贴角贴并车线

将两块侧围皮与底围皮分别粘贴，并在横中线处进行铲皮，以减少厚度，待用，如图6-86所示。

图6-86　侧围连接底围并铲皮

将机缝好的一整件侧围底围的横中线铲皮处对齐已制作好的里袋中格，分粘，如图6-87（a）~（c）所示。

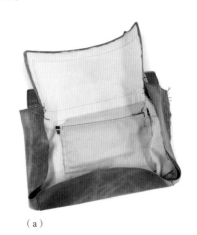

（a）

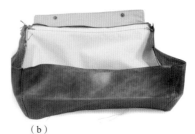

（b）

（c）

图6-87　侧围底围连接里袋中格

在组合好的部件左、右及底部车明线，待用，如图6-88（a）、（b）所示。

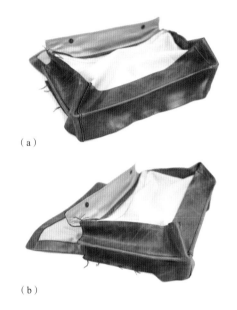

（a）

（b）

图6-88　侧围底围连接里袋中格并车线

将后幅盖面利仔左、右边贴分别粘贴好利仔底皮，并车线，如图6-89所示。将两件介仔上下粘贴，同样车线，并使用手工方法将其首尾两端缝合，形成环状，如图6-90所示。

图6-89　制作利仔并车线

图6-90　将制作好的利仔手工缝制成环状

将后幅盖面利仔与盖面粘贴，并车明线装饰，同时将装饰唛机缝于盖头之上，如图6-91（a）所示。为防止底线松脱或滑出针孔，在机缝完成后预留出一定长度的底线，使用黄胶将底线整条粘贴在物料背面，如图6-91（b）所示。

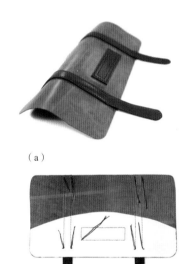

（a）

（b）

图6-91　利仔缝纫至盖头表面

再将已经制作好的手挽与盖头相连接，定位必须准确，如图6-92（a）、（b）所示。底线的处理同样需要预留出一定的长度，并粘贴于盖头背面，如图6-92（c）所示。

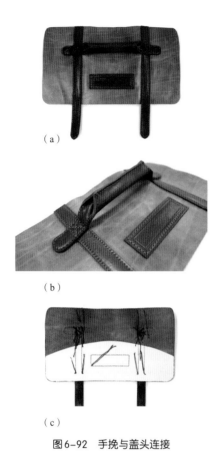

（a）

（b）

（c）

图6-92　手挽与盖头连接

将已油好边的前幅左、右耳仔放大配皮上下对折，穿入日字扣中，日字扣上的针穿出耳仔中部的孔，再将耳仔和日字扣从环状介仔中穿过，用高车在耳仔表面车明线，并使用手工方法将耳仔再次进行左、右两侧四个点的固定，如图6-93所示。

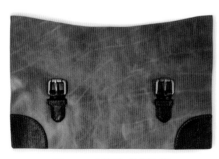

图6-93　耳仔与前幅连接

将后幅拉链两端分别与后幅链尾贴相粘贴，并车明线，如图6-94（a）所示。

将车好线的拉链及链尾贴与后幅相粘贴，再粘贴后幅上驳放大皮，如图6-94（b）所示。在正面车明线固定，如图6-94（c）所示。

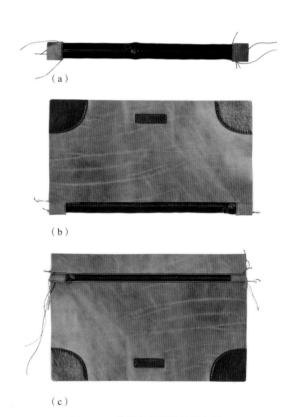

（a）

（b）

（c）

图6-94　拉链与后幅连接并车线

在拉链反面上、下两侧各粘贴后幅拉链袋上、下里布，如图6-95（a）、（b）所示；再将上、下里布的左、右侧分别缝合，如图6-95（c）、（d）所示。

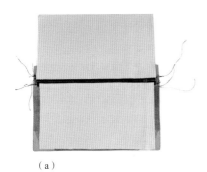

（a）

（b）

将刚制作好的后幅整体与连接好利仔的盖面相粘贴，并在盖面顶边至侧边六分之一弧度处车明线。

在后幅底部中段粘贴装饰唛，并打孔穿皮绳，如图6-96所示。

将已机缝好耳仔的前幅与前幅中格相粘贴，并打上开合用的五金，如图6-97所示。

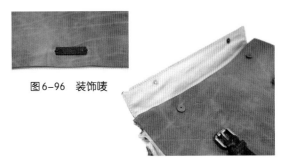

图6-96　装饰唛

图6-97　打前幅五金

（c）

准备好钢片（或钢尺）一条，两头钻孔，在盖面的手挽和利仔处打五金的同时连接上钢片，为了保护主料，钢片与盖面反面之间需衬上150g的非织造布，如图6-98（a）、（b）所示。

最后将已制作好的前幅、内袋和后幅相连接，最终成品就完成了，如图6-99（a）～（c）所示。

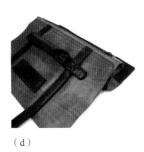

（d）

图6-95　盖头与后幅连接正背面效果

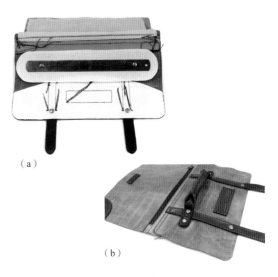

（a）

（b）

图6-98　制作后幅拉链袋

（a）成品包背面

（b）成品包侧面

（c）成品包正面

图6-99　最终成品

案例小结

　　此款公文包的工艺步骤非常复杂，加上主料、里料和托料涉及近80件部件，机缝过程均遵循先小后大、先里后外的原则。初学工艺的设计师可将此案例当中制作各个部件的步骤和技法分解开来，作为制作其他一些部件工艺的参考。也可将其贯穿起来，仔细揣摩箱包的外袋和内里、小部件和大面之间的关系。

课后实践

　　1.　进行开料技法的练习，尝试分别开不同的物料，例如纺织品、皮革和托料。要求开出的物料边缘整齐，开料时要注意物料的经纬度，同时要最大程度地节省物料。

　　2.　进行铲皮技法的练习，先使用边角废料试铲，要求铲皮厚度精确、厚薄均匀。

　　3.　进行手工折边技法的练习，要求折出的边平整、无歪斜和破口。

　　4.　进行油边技法的练习，先油大部件，逐渐过渡到小部件。要求油边光滑平整，在熟练程度的基础之上可适当提高速度。

　　5.　进行车反、埋反、包边和包骨、埋骨技法的练习，要求车线快速准确，面线、底线无起圈现象。

　　6.　制作一套拉链窗和吊里。

　　7.　制作一套插袋。

　　8.　制作两对不同款式的耳仔。

　　9.　在有设备条件和相应耗材的情况下，尝试制作一条手挽和一条肩带。

　　10.　利用学习到的工艺技法，制作一件完整的箱包产品，要求部件完整、缝合严谨美观。

一、关于纸格的行业术语

（一）纸格名称

（1）**主格**：最先制作的纸格，也是箱包款式制板的基础纸格。

（2）**正格**：又称修正格。从局部来说，正格指包体部件净尺寸的平面形状；从整体来说，正格用以确保多个部件机缝到一起的最终形状不变。

（3）**料格**：又称放大格。包体部件带机缝位的平面形状。

（4）**复啤格**：针对需要整体切割的多层物料而制作的纸格。啤，指使用"啤机"（行业术语，即开料时所用的"摇头机"）进行裁切。复啤，即再次切割。

（5）**托落位格**：用以确定一个部件在另一个部件之上的位置的纸格。

（二）纸格标注

（1）**料**：制作时使用的所有物料。

（2）**主皮**：在箱包主体上运用最多的皮料。

（3）**配皮**：用于搭配的运用较少的皮料。

（4）**放大皮**：放大皮通常与复啤格是一对同时出现的概念，一般指比正格四周各放大 $\frac{1}{8}$ 英寸左右的物料。

（5）**比围**：将包体曲线部件的边长转化为直线长度的过程。

（6）**牙位**：用于标示缝线位的标记。

（7）**里**：又称内里或里布，有多种类型。通常跟在某个包体部件名称之后，用以表示此部件背面所用的里布。例如，前后幅内里表示前后幅所用的里布。

（8）**吊袋**：又称吊里。拉链袋内部的袋体部分，外部不可见，与包体底部不相接。

（9）**屈位**：弯折的部分。

（10）**驳**：又称接驳。工艺手法与拼接相似。

（11）**过**：通常指将主料与托料两者粘贴在一起，与托的意思相近。

（12）**叉刀**：是一种专门的设备，可在物料上裁切出双头Y型线，方便后续的折边等工艺。通常用在箱包后幅内里拉链袋的工艺上。

（13）**链贴**：拉链贴的简称，指将拉链固定在包口的条状部件。

（14）**撞钉**：一种钉在物料上起装饰或固定作用的金属钉。形状多样，在纸格上多用"○"表示。

（15）**脚钉**：一般用在袋底部位，用于减少袋底物料和接触面的磨损，在纸格上多用"＋"表示。

二、关于工艺的行业术语

（一）铲皮的类型及形态

铲皮类型	工艺形态	示意图 （阴影表示铲去的部分）
凸位铲法	将皮料背面周边铲薄，使中间凸起。常用于肩带、手挽和角贴等部位	
搭位铲法	与凸位铲法相似，常用于肩带、包边等部位	
车反分粘铲法	为进行车反工艺所进行的铲皮，由于车反后需将车反位粘贴至皮料背面，所以采取的铲皮方式和折边铲法相似，这样皮料正面才不会留下粘贴的痕迹	
折边铲法	与搭位铲法相似，用于需折边的部位	
坑位铲法	仅在皮料中间进行铲皮使其变薄，而不改变皮料边缘的厚度。铲出的形状可以是块状，也可以是凹槽状	
驳位铲法	指在皮料背面铲出细长的坑槽，常用于折边部位、拉链窗、弯曲部位、需要埋反或埋袋等部位	
埋袋铲法	与驳位铲法相似，在皮革背面留下细长凹槽状铲位，便于埋袋工艺	
飞角铲法	指在皮料背面转角处斜向铲皮，这道工序通常在折边铲皮、搭位铲皮等工序之后进行	

（二）机缝工艺汇总表及示意图

机缝，又称车线或车缝。泛指箱包制作工艺中所有将物料缝合起来的工序。"车"指高速平缝车、同步车或高车等箱包制作设备。

机缝工艺汇总表及示意图			
名称		释义	示意图
车反		物料直线边缘的缝合	
中驳车反分粘		工艺同车反，完成后将背面物料分粘至两侧，使其平整	
中驳车反襟线		车反后物料边缘不粘胶水直接车线	
中驳车反分粘襟线		车反后物料边缘粘胶水再车线	
夹车		将两层或两层以上的物料夹在一起或叠在一起，再将其车线	
折边	空折	单层物料边缘直接翻折	
	折边搭车	物料边缘翻折后再车线	
	折边对碰	将空折后的两块物料重叠后车线	
	对扣折边	将空折后的两块物料边缘对扣再车线	
	碰折搭车	将空折后的两块物料边缘对碰再车线	
	双折	将物料边缘进行两次翻折	
	包折	一层物料包住另一层物料再翻折	
	中驳折边搭车	折边物料与散口物料边缘相重叠再车线	
	中驳散口搭车	物料的散口边缘上下重叠再车线	
搭位		两块物料边缘上下相互叠压的位置	
碰（又称驳）		通常有拼缝、拼接的意思，即两块物料的边缘靠在一起再进行车线	

续表

机缝工艺汇总表及示意图			
名称		释义	示意图
埋反（又称驳反、埋袋）		指物料直线边缘与曲线边缘的缝合，缝合后呈立体形态	
包边	散口包边	使用对折的长条物料将散口物料边缘包住再车线	
	双回口包边	使用对折两次的长条物料将散口物料边缘包住再车线	
	内单回口包边	将折边物料与散口部件边缘重叠，使用单边折边的长条物料在荏口处包裹再车线	
	内双回口包边	将折边物料与散口部件边缘重叠，使用双边折边的长条物料在荏口处包裹再车线	
	织带包边	将折边物料与散口部件边缘重叠，使用织带在荏口处包裹再车线	

三、箱包辅料汇总表

（一）捆条类

捆条类中包括棉芯、骨芯以及包边料等长条状辅料。

（1）**棉芯**：由网状材料包裹若干棉质长条。一般用于手挽的填充，如附图1-1所示。

（2）**骨芯**：横截面为圆形的塑料细长条。一般用于箱包埋骨工艺中，如附图1-2所示。

附图1-1　　　　　附图1-2

（3）**包边料**：包边料有两种，一种是机织的棉质或锦纶材质长条；一种是使用机器或手工在大块物料上直接裁切的长条，如附图1-3所示。

附图1-3

（二）五金类

（1）**扣类**：五金中的扣主要指箱包的耳仔部分，包括D扣、方扣、钩扣和针扣等多种类型，如附图1-4~附图1-7所示。

附图1-4　D扣　　　　　附图1-5　方扣　　　　　附图1-6　钩扣　　　　　附图1-7　针扣

（2）钮类：五金中的钮主要指箱包的开关部分，包括扭锁、锁扣等多种类型，如附图1-8、附图1-9所示。

（3）钉类：五金中的钉主要指在箱包中起到衬托或装饰作用的金属钉，包括撞钉、脚钉等多种类型，如附图1-10、附图1-11所示。

附图1-8　扭锁　　　　　附图1-9　锁扣　　　　　附图1-10　撞钉　　　　　附图1-11　脚钉

（4）磁铁：五金中的磁铁主要用于将箱包的某两个部件互相吸住，起到开合的作用，如附图1-12所示。

（5）鸡眼：又称鱼眼。鸡眼形状为中空的圆形铁圈，分上下两层，可借助工具将其钉在物料表面，起到装饰作用或可将绳索等从中穿过，如附图1-13所示。

（6）五金框架：这种金属框架常用于较包的制作，如附图1-14所示。

（7）五金装饰：泛指箱包上的各种金属材质的装饰，如附图1-15、附图1-16所示。

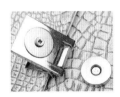

附图1-12　磁铁　　　附图1-13　鸡眼　　　附图1-14　较包上的　　　附图1-15　五金装饰　　　附图1-16　金属链
　　　　　　　　　　　　　　　　　　　　　　　五金框架　　　　　　　　　　　　　　　　　　　条背带

（三）拉链布

（1）铜牙拉链布：铜材质的拉链，拉链头和齿牙一般为同一种材质，常用于皮革材料的箱包，如附图1-17所示。

（2）锦纶拉链布：锦纶材质的拉链，拉链头可为塑料材质，也可为金属材质，常用于纺织材料的箱包，如附图1-18所示。

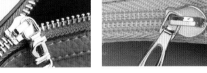

附图1-17　铜牙拉链布　　附图1-18　锦纶拉链布

（四）托料类

托料起到撑托表层物料的作用，其材质有多种，根据被托物料的性质或需要得到的包体部件软硬程度来决定所使用的类型，如附图1-19~附图1-26所示。

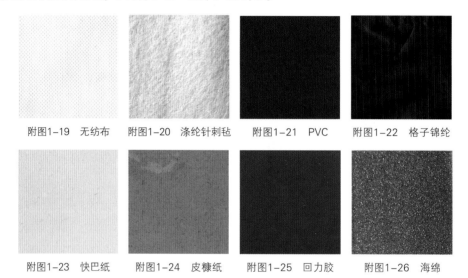

附图1-19 无纺布　　附图1-20 涤纶针刺毡　　附图1-21 PVC　　附图1-22 格子锦纶

附图1-23 快巴纸　　附图1-24 皮糠纸　　附图1-25 回力胶　　附图1-26 海绵

（五）橡筋和织带类

（1）织带：机织的棉质或锦纶材质长条物料，一般用于包边或装饰，如附图1-27所示。

（2）魔术贴：分上下两层，一层上有细小的圆毛纤维，另一层上有带钩状的刺毛纤维，两层靠近即可贴合，一般用于运动休闲类箱包的部件开合，如附图1-28所示。

（3）橡筋：带有弹性的橡筋带或橡筋条，在机缝过程中用于物料内部可使其皱缩形成褶皱，如附图1-29所示。

附图1-27 织带　　　　附图1-28 魔术贴　　　　附图1-29 橡筋

四、其他名词释义

（1）抽空：又称偷空，指用工具将物料的某一部分挖空。

（2）散口：物料裁开后未经任何处理的边缘。

（3）荏口：荏口与散口相似，也指几层物料粘贴或车线后未经处理的边缘。

（4）起圈：起圈是一种机缝过程中出现的问题。分为面圈和底圈两种，底线太松会导致多余的线溢出表面，导致面圈现象，反之面线太松则会导致底圈现象。